数据分析与挖掘算法

Python实战

张晓东 ◎ 著

电子工业出版社

Publishing House of Electronics Industry

北京·BEIJING

内 容 简 介

本书是一本介绍数据分析相关算法的学习指南，主要包括数据分析及数据挖掘相关概念介绍、数据思维及各种数据分析算法的原理及实现方法。本书的每个数据分析算法都介绍了数学原理、Python 代码实现及实战案例，内容丰富、容易理解。

本书共 9 章，第 1 章介绍了数据挖掘与数据分析、机器学习之间的关系；第 2 章介绍了数据分析人员应该具备的数据思维，包括数据思维认知、数据挖掘"定律"；第 3~9 章介绍了各种数据分析算法的原理、实现方法及实战案例，其中包括逻辑回归、决策树、朴素贝叶斯、聚类分析、关联规划、人工神经网络、集成学习。

本书适合从事数据分析工作的读者自学，也可作为产品经理、运营人员、市场人员和对数据分析感兴趣的读者的参考用书。

图书在版编目（CIP）数据

数据分析与挖掘算法：Python 实战 / 张晓东著. —北京：电子工业出版社，2021.11
ISBN 978-7-121-42200-3

Ⅰ．①数… Ⅱ．①张… Ⅲ．①程序语言—程序设计 Ⅳ．①TP312

中国版本图书馆 CIP 数据核字(2021)第 207227 号

责任编辑：王　静
印　　刷：三河市兴达印务有限公司
装　　订：三河市兴达印务有限公司
出版发行：电子工业出版社
　　　　　北京市海淀区万寿路 173 信箱　　邮编：100036
开　　本：720×1000　　1/16　　印张：12　　字数：230 千字
版　　次：2021 年 11 月第 1 版
印　　次：2021 年 11 月第 1 次印刷
定　　价：69.00 元

凡所购买电子工业出版社图书有缺损问题，请向购买书店调换。若书店售缺，请与本社发行部联系，联系及邮购电话：(010) 88254888，88258888。

质量投诉请发邮件至 zlts@phei.com.cn，盗版侵权举报请发邮件至 dbqq@phei.com.cn。

本书咨询联系方式：010-51260888-819，faq@phei.com.cn。

前　言

　　对机器学习进行研究能使我们成为更好的数据科学家和问题解决者。本书从数据分析理论出发，以编程实现为落脚点，最后从哲学层面对数据思维进行探讨，进而将思维"定律"与业务相结合。具体到编程层面，本书选择的工具是 Python，因为它足够简单且实用，甚至在整个数据科学领域，Python 基本都可以说是稳坐数据分析工具中的"头把交椅"。

　　笔者拥有多年大数据从业经验，穿梭于业务与"数据工作"之间，见证了业务与数据的"相爱相杀"。业务诉求是通过数据分析和数据挖掘技术实现的，由此，笔者将相对零散的技术进行了归纳与提炼。写书的过程也是知识沉淀与梳理及重新认识的过程，笔者心存感恩。

　　本书共 9 章，第 1 章对数据分析相关概念、概念间的关系及数据分析流程进行了总览和概述，并对后面章节所论述的机器学习算法的作用和应用领域进行了简单介绍。第 2 章对业务和数据的"相爱相杀"进行了阐述，包括数据思维认知以及数据挖掘"定律"。第 3 章是对逻辑回归从理论到实践的论述与讲解，包括模型的评估（该模型的评估原理的代码也适合本书后面介绍的决策树、朴素贝叶斯等有监督学习模型）。第 4 章是对决策树从理论到实践的论述与讲解，包括 ID3、C4.5 以及 CART。第 5 章是对朴素贝叶斯从理论到实践的论述与讲解，包括多项式模型、高斯模型和伯努利模型。第 6 章是对聚类分析从理论到实践的论述与讲解，包括基于划分的 K-means 算法、K-mediods 算法和基于密度的 DBSCAN 算法。第 7 章是对关联规则从理论到实践的论述与讲解，包括 Apriori 等算法。第 8 章是对人工神经网络从理论到实践的论述与讲解，包括 BP（误差逆传播）等算法。第 9 章对集成学习进行了理论论述与讲解，包括 Bagging、随机森林等算法。

读者服务

微信扫码回复：42200

- 加入本书读者交流群，与作者互动
- 获取【百场业界大咖直播合集】（持续更新），仅需 1 元

目　录

第 *1* 章
数据分析概述

1.1　什么是数据挖掘

　　作为一个新兴的多学科交叉产生的概念，数据挖掘（Data Mining）的定义有若干个版本，所以数据挖掘是一个很宽泛的概念。数据挖掘一般是指从海量的数据中通过相应的算法，挖掘其中有价值（未知的、有规律的）的信息的复杂过程。许多人把数据挖掘看作另一个常用的术语"KDD（Knowledge Discovery in Database）"的同义词，而还有一些人只是把数据挖掘看作 KDD 过程中的一个基本步骤。KDD 可直译为"基于数据库的知识发现"（简称"知识发现"），是指从海量的数据中提取有效的、新颖的、潜在有用的、最终可被理解的模式的过程，如图 1-1 所示为 KDD 过程。

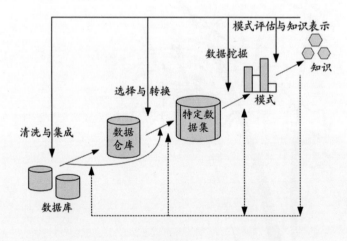

图 1-1

　　整个 KDD 过程是由若干个步骤组成的，而数据挖掘仅是其中的一个主要步骤。整个 KDD 过程中的主要步骤介绍如下。

注：进行 KDD 的前提是明确业务需求，这里要注意两点：①我们要对业务的需求有全面的理解；② 我们所理解的业务需求是经过认可的，而不是自己猜测的。明确业务需求虽然是业务的核心，但在本书中暂不讨论，因为本书的重点是原理与实现，所以这里假定所有的业务需求都已经明确。

（1）**清洗与集成**：通过业务需求确定目标数据，根据从原始数据库（多数据源中）中选取的相关数据或样本，将来自数据源中的相关数据组合到一起；检查数据的完整性及一致性，消除噪声及与数据挖掘明显无关的冗余数据，同时利用统计等方法填充丢失的数据。

（2）**选择与转换**：将经过去噪、填充等操作后的数据进行转换与衍生（数据再处理），将其变为可以直接进行数据挖掘操作的数据形式。

（3）**数据挖掘**：数据挖掘是 KDD 过程中的核心步骤，在此步骤中要根据业务需求及目标，选取合适的模型（算法/参数等）进行数据模式或知识规律的探索与挖掘。

（4）**模式评估**：对在数据挖掘中发现的模式（知识规律）进行解释，通过机器评估后剔除冗余或无关的模式。此步骤的目的是根据一定的评估标准，从挖掘结果中筛选出有意义的模式。

（5）**知识表示**：将发现的模式以客户能了解的方式呈现给客户，可以利用 BI 等可视化工具呈现，也可以利用分析报告形式呈现。使用可视化工具呈现虽然更加炫酷、直观，但相对分析报告形式呈现而言，缺少对数据结果的进一步解释和对业务的科学决策建议。

以上 5 个步骤的顺序是不固定的，我们经常需要调整这些步骤。这主要依赖每个步骤或步骤内部特定任务的输出是否为下一个步骤需要的或必需的输入。

1996 年，在 Fayyad、Piatetsky·Shapiro 和 Smyth 总结出了 KDD 过程中的 5 个基本步骤后，各种不同的 KDD 过程模型在此基础上发展并完善了起来。其中，欧盟相关机构在 1999 年提出的 CRISP-DM 模型（Cross-industry Standard Process For Data Mining），即"跨行业数据挖掘标准流程"模型，在各种 KDD 过程模型中占据领先位置，如图 1-2 所示。具体介绍如下。

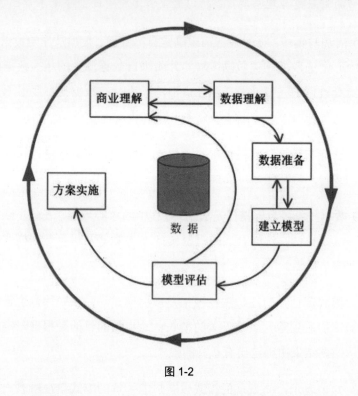

图 1-2

（1）**商业理解**：必须从商业的角度了解业务的背景，梳理业务诉求，明确业务目的，并将这些与数据挖掘的定义与结果结合起来。

（2）**数据理解**：此阶段主要是收集数据与熟悉数据，包括熟悉数据的来源、数据的长度、数据的类型和数据间的逻辑关系。

（3）**数据准备**：对应前文的"清洗与集成"和"选择与转换"，涵盖了从原始数据中构建最终数据集（将作为数据挖掘的分析对象）的全部工作。

数据准备工作有可能会实施多次（记得每一次都要做备份，因为有可能会再次用到），而且其实施顺序并不全是预先规定好的。之所以这么说，是因为此时的业务诉求不一定是最清晰的。同时，数据的质量和相关性仍在不断地探索中。在此阶段会进一步对数据进行清理和转换、构造衍生变量、整合数据、数据标准化等操作。

（4）**建立模型**：对应前文的"数据挖掘"。各种各样的建模方法将被加以选择和使用，然后建立模型和调整模型中的参数。一些建模（数据挖掘）方法对数据的格式等有具体的要求，此时重新回到数据准备阶段执行某些任务，有时是非常必要的。

（5）**模型评估**：在进行最终的模型部署之前，需要更加彻底地评估模型。回顾在建模过程中执行的每一个步骤是非常重要的，这样可以确保这些模型是否达到了业务目标。这里从两个方面着手，一是从数据（数据质量）和模型本身评估模型的稳定性和精确性是否满足业务需求（欠拟合或过拟合）；二是从业务逻辑进行评估与解释，从业务直觉进行判定模型结果是否符合。

（6）**方案实施**：模型的创建不是项目的结束。模型的作用是从数据中发现知识规律，获得的知识需要以方便于客户使用的方式重新组织和展现。根据客户需求的不同，可以将发现的知识规律和过程组织成可读文本形式（数据分析挖掘报告），或者将模型输出的规则部署在系统中并以 BI 形式呈现。

1.2　数据挖掘与数据分析的关系

　　数据分析是指用适当的统计方法对收集的海量数据进行分析、提取有用的信息和形成结论，然后对数据加以详细研究和概括总结的过程。有些人将数据分析划分为描述性数据分析、探索性数据分析和验证性数据分析。其中，探索性数据分析侧重于在数据之中发现新的特征，而验证性数据分析则侧重于对已有假设的证实或证伪。**数据挖掘是深层次的数据分析，数据分析是浅层次的数据挖掘**，数据挖掘更偏重于探索性数据分析，因为数据挖掘的重点是从数据中发现知识规律。它们的具体区别如下：

　　（1）数据分析处理的数据量可能不大；而数据挖掘处理的数据量极大，并且特别擅长处理大数据，尤其是几十万行、几百万行，甚至更多的数据。

　　（2）数据分析往往是从一个假设出发，需要自行建立方程或模型来与假设吻合；而数据挖掘不需要假设，可以自动建立方程，比如关联规则和聚类分析。

　　（3）数据分析往往处理数值型数据；而数据挖掘能够处理不同类型的数据，比如声音、文本等。

　　（4）数据分析主要侧重于通过观察数据来对历史数据进行统计学分析；而数据挖掘通过从数据中发现"知识规律"来对未来的某些可能性做出预测分析，其更注重分析数据间的内在联系。如果想从数据中提取一定的规律（即认知），则往往需要将数据分析和数据挖掘结合使用。因为在很多情况下，数据分析与数据挖掘是"同源同根"的。也就是说，数据分析与数据挖掘没有明确的界限。在计算机中，数据都是以 0 和 1 的形式进行存储的，从这个层面上讲，数据分析的范畴更大一些。

（5）数据分析与数据挖掘的区别更多地体现在职业方向上。相对数据挖掘工程师，数据分析师与业务方的工作衔接更多，理解与梳理业务诉求、明确业务目的和指导模型搭建是数据分析师的主要工作。而模型搭建与参数调优则是数据挖掘工程师的工作。当然，这是在分工比较明确的大公司中，如果是在中小公司中，以上工作都是由一个人完成的。

1.3　数据挖掘与机器学习的关系

在前文中明确了什么是数据挖掘。为了厘清数据挖掘与机器学习的关系，这里有必要对机器学习进行介绍。

那么，什么是机器学习呢？机器学习专门用于研究计算机如何模拟或实现人类的学习行为，以获取新的知识或技能，重新组织已有的知识结构并不断改善自身的性能。

通俗地讲，机器学习就是计算机模仿人类的思维和学习过程，实现自主学习，并做出判断与决策。机器学习要用有限的可观测样本训练分类器（虽然几乎所有文献都叫作分类器，但笔者认为叫作"学习器"更为妥当），使分类器自己理解、学习、归纳样本特征的分布规律，从而使其能够对随机输入的未知数据做出判断和决策。

机器学习与人脑思考的方式一样：通过对历史数据的训练进行学习，从而形成自己的思维模式（特征规律等），再对输入的数据进行分类识别与预测。机器学习与人脑思考的对比如图 1-3 所示。

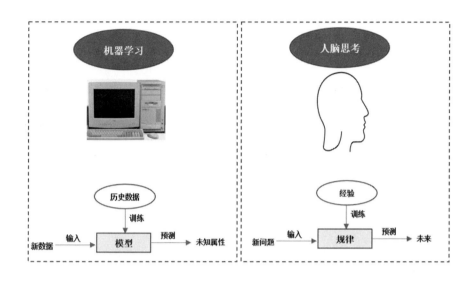

图 1-3

1. 数据集

数据集包括训练集、验证集和测试集，这 3 个词在机器学习中经常被提到，但初学者非常容易弄混。下面简单介绍一下这 3 个词。

训练集（Training_Set）是机器学习的样本数据集，用于训练模型内参数的数据集。机器学习通过匹配一些参数来建立一种分类方式，也就是建立一个分类器。训练集主要用来训练模型。

验证集（Validation_Set）是调整分类器参数的数据集，用于在训练过程中检验模型的状态和收敛情况。验证集通常用于调整超参数[1]，根据若干组模型在验证集上的表现决定哪组超参数拥有最好的性能。同时验证集在训练过程中还可以用来监控模型是否发生过拟合，一般来说，验证集表现稳定后，若继续训练，则训练集的表现还会继续上升，但是验证集的表现会出现不升反降的情况，这样一般就发生了过拟合。所以验证集也被用来判

---

1 超参数是在开始学习过程之前设置的值的参数，而不是通过训练得到的参数。

断何时停止训练。

测试集（Test_Set）是评估模型泛化能力的数据集。即之前模型使用验证集确定了超参数，使用训练集调整了参数，最后使用一个从没有见过的数据集来判断这个模型是否同样适用。

总结一下：训练集用于训练模型，验证集用于调整和选择模型，测试集用于评估最终的模型。当我们拿到数据之后，规范的方法是把数据分成这样的 3 份：训练集（60%）、验证集（20%）、测试集（20%）。形象地说，训练集就是学生在上课学习，验证集就是课后的作业，测试集就是期末的考试，最终我们根据以上数据评选出优秀的学生（模型）。

2．机器学习的类别

自 20 世纪 90 年代以来，从样本中学习被认为是最有前途的机器学习的途径，根据训练期间接受的监督数量和监督类型，可以将机器学习分为以下 4 类：无监督学习、监督学习、半监督学习和强化学习。

（1）无监督学习是一种自学习的学习方式，通过对没有标记的训练样本进行学习。也就是说，无监督学习没有将目标变量放入模型里，完全让模型自己去挖掘数据中的内在联系或挖掘未知数据间隐藏的结构关系。由于输入分类器的样本都是未经标注的，分类器在处理完这些数据后也就不会得到相应的反馈信息来评价学习结果。常用的无监督学习算法有关联规则和聚类分析。

（2）监督学习是一种借助人工参与的学习方式，用一定数量的有标记数据作为训练样本（通俗地讲，就是标记出分类的目标变量，以及影响目标变量变化的自变量）。监督学习通过对有标记的训练样本进行学习，尽可能正确地对训练样本之外的样本进行预测。在监督学习中，每个输入样本都包括样本的特征向量和样本标记。在训练过程中，训练算法通过分析样本的特征向量，将预测结果与训练样本的实际标记情况进行比较，然后不断调整模型，直到模型的准确率达到预期的准确率。监督学习常用于样本分类问题和回归问题，一般分为 3 步，分别是标记样本、训练模型和估计概率。常用的监督学习算法有逻辑回归、决策树和反向传递神经网络。

（3）半监督学习是一种根据已知的有限有标记数据和大量无标记数据，在分类过程中不断训练模型的学习方式。该模型也可被用来预测，但是在建立模型前首先要用已知的有标记数据训练模型，使模型学习数据的内在结构联系，以便合理地组织数据进行预测。半监督学习可以使分类的准确性得到很大的提高，并且这种模型更类似人的学习过程，能够像人一样触类旁通。在实际的使用过程中，有标记数据较难获得，因为标记一般要人去操作，而在实际中由人去标记海量的数据并不现实，人只能标记极少的数据，其他都要计算机通过算法实现标记。并且利用计算机标记数据再去训练模型，使模型不断学习和更新，这种方式具有较高的实用价值。常用的半监督学习算法有支持向量机。

（4）强化学习是一种通过与环境的试探性交互来估计和优化实际动作，最终实现序列决策的任务。在这种学习方式下，输入数据作为对模型的反馈，不像在监督学习中，输入数据仅仅作为一个检查模型对错的方式。在强化学习中，输入数据直接反馈到模型，模型对此立刻做出相应的调整。在这种学习方式中，学习机制根据试探性交互选择并执行动作，使系统状态发生变化，并根据系统状态变化获得某种强化信号，最终实现与环境的交互。如在机器人控制过程中，系统根据机器人在运动过程中的不同状态反馈随时纠正机器人的姿态，从而使其直立行走。常用的强化学习算法有时间差学习等。

下面举一个形象的例子——教小明画画来理解这 4 种机器学习方式。**无监督学习**是直接跟小明说，画一辆汽车吧，这时小明完全靠自己的理解画一辆汽车；**半监督学习**是告诉小明，这辆汽车有方向盘、轮胎、车灯等，此时你的描述不是很完善，比如没有描述方向盘的位置、轮胎是圆形的等，小明根据你的描述和自己的联想，画出了一辆汽车；**有监督学习**是把所有要画的东西（如汽车的形状、位置、颜色）都详细地告诉小明，小明完全依靠你的描述，画出了汽车；**强化学习**是当小明画完汽车后，你领着他去看实际的汽车是什么样子的，小明见到实物后，再在画上进行改动，形成最终的汽车。

3. 数据挖掘与机器学习

数据挖掘是建立在庞大的知识体系之上的，从业务角度出发，使用一系列处理方法挖掘隐藏在数据背后的信息，在解决问题的同时使用了大量的机器学习算法。机器学习则是一门以统计学为支撑的偏理论的学科，它关注的是使计算机程序能够像人一样，根据经验的积累，自动提高处理问题的性能。

论述到此，这里有必要对模型与算法的关系做一下阐述。模型反映了特定问题或特定事物系统内的数学关系结构，也可以将其理解为一个系统中各变量间的关系的数学表达。算法是一个定义明确的计算过程，可以用一些值或一组值作为输入，并产生一些值或一组值作为输出。因此，算法就是将输入转换为输出的一系列计算步骤（通常用程序实现）。也就是说，模型是根据业务的诉求和目的，将具体的业务场景或业务逻辑映射为数学领域的关系表达。可以说，模型是具体的应用，而算法是解决问题（应用）的内在技术，即模型是算法（技术）与业务（商业经验）的结合。因此，在不涉及业务的时候，模型与算法的说法无异。

1.4　机器学习算法简介

1. 逻辑回归

逻辑回归是非常经典的二分类算法，它的优点是输出值自然地落在区间[0,1]中，并且有概率意义。逻辑回归模型背后的概率学经得起推敲，它拟合出来的参数代表了每一个特征（feature）对结果的影响，被广泛用于估算一个样本属于某个特定类别的概率。简单地说，逻辑回归模型通过将数据拟合到一个逻辑函数来预测一件事发生的概率。如果预测发生的概率超过 50%，则模型预测该样本属于该类别（称为正类，标记为"1"）；反之，则模型预测该样本不属于该类别（被称为负类，标记为"0"）。由于逻辑回归的算法简单和高效，在实际工作中的应用非常广泛。在实际工作中，我们可能会遇到以下问题：

（1）预测一个客户在网店是否点击特定的商品；

（2）判断一条评论是正面的还是负面的；

（3）判断一封电子邮件是否属于垃圾邮件；

（4）预测客户的贷款是否会违约；

（5）诊断患者是否有某种疾病。

以上问题都可以被看作分类问题，更准确地讲，它们都可以被看作二分类问题。在解决这些问题时，通常会用到逻辑回归模型进行分类。

2．决策树

决策树的生成算法有 ID3、C4.5、CART 等。决策树是一种树形结构，其中每个节点表示对一个属性的判断，每个分支代表一个判断结果的输出，每个叶节点代表一种分类结果。决策树是一种十分常用的分类算法，属于监督学习，即通过对给定样本进行训练学习从而得到一个决策树，这棵决策树能够对新的数据做出正确的分类。决策树同时适用于分类因变量和连续因变量。在决策树中，我们尽可能将总体基于最重要的属性/自变量分成不同的组别。

决策树的特点是总沿着特征做划分。随着层层递进，这个划分会越来越细。举个简单的例子，当我们预测一个孩子的身高时，决策树的第一层可能是这个孩子的性别：如果是男生，则走左边的树枝进行进一步预测；如果是女生，则走右边的树枝进行进一步预测。这就说明性别对身高有很强的影响。因为决策树能够生成清晰的基于特征选择不同预测结果的树状结构，当数据分析师希望更好地理解手上的数据时，往往会使用决策树。决策树的应用场景特别多，比如遥感影像的分类、客户满意度调查、金融领域的二项式期权定价、企业投资分析等。

3．朴素贝叶斯

朴素贝叶斯是一种常用的分类算法，适用于高维度的数据集，具有速度快、可调参数少的优点，非常适合为分类问题提供快速但粗糙的基本解决方案。朴素贝叶斯依据概率论中的贝叶斯定理建立模型，其前提假设了各个特征之间相互独立。这个假设比较极端，因为在实际场景中，多个特征一般存在相关性，而特征相对独立的假设使得算法变得简单，因此，在具体场景中需要提前对数据进行相关性检验。朴素贝叶斯比较常见的应用场景如下：

（1）文本分类/垃圾文本过滤/情感判断：在文本分类场景中，朴素贝叶斯依旧坚挺地占据着一席之地。因为在文本数据中，分布独立这个假设基本是成立的。而垃圾文本过滤（比如识别垃圾邮件）和情感判断（比如判断用户的褒贬情绪）通过朴素贝叶斯也通常能取得很好的效果。

（2）推荐系统：在推荐系统中，朴素贝叶斯和协同过滤是一对好搭档，协同过滤是强相关性，但是泛化能力稍弱，将朴素贝叶斯和协同过滤一起使用能增强推荐的覆盖度和效果。

4．聚类分析

聚类就是将数据分类到不同的类或者簇的过程，所以同一个簇中的对象有很大的相似性，而不同簇间的对象有很大的相异性。其实，聚类分析是一种通过数据建模简化数据的算法。本书基于划分的聚类（比如 K-means 聚类与 k 中心点聚类）和基于密度的聚类进行讲解。聚类分析属于无监督学习，与分类分析不同，无监督学习不依赖预先定义的类或带类标记的训练样本，需要由聚类分析自动确定标记，而分类分析的实例或数据对象有类别标记。聚类分析是一种探索性分析，我们不必事先给出一个分类标准，聚类分析能够从样本出发，自动进行分类。同时，聚类分析还可以作为其他算法（如分类分析算法和回归算法）的预处理过程。聚类分析的应用场景包括：基于客户位置等地理信息进行商业选址、客户画像描摹、电信用户的恶意欠费识别和恶意流量识别、搜索引擎中的关键词推荐、基于客户特征进行用户分组，以及机器视觉领域的图像分割等。

5．关联规则挖掘

最初，关联规则挖掘是针对购物车分析问题而提出的。该算法通过发现顾客放入购物车中的不同商品之间的关联，分析顾客的购物习惯。这种关联的发现可以帮助零售商了解哪些商品频繁地被顾客同时购买，从而帮助他们研发出更好的营销策略。

关联规则挖掘是一种基于规则的机器学习算法，此算法可以让我们在数据库中发现感兴趣的关系。通过关联规则挖掘可以利用一些度量指标来分辨数据库中存在的强规则，即关联规则挖掘可以用于 KDD。关联规则挖掘属于无监督学习。最常见的关联规则挖掘是所谓的"支持-置信"分析。在从商品 X 到商品 Y 的关联规则中，支持度是指在所有事件中同时购买商品 X 和商品 Y 的比例，置信度则是指在所有购买商品 X 的事件中也购买商品 Y 的比例。如果支持度和置信度都超过了相应的阈值，则从商品 X 到商品 Y 的规则被认为是有效的。可以按照置信度从高到低的顺序进行商品推荐。

关联规则的应用场景主要有：提供个性化的商品搭配推荐、新闻资讯推荐、旅游目的地推荐、互联网舆论情绪与商品价格的关联关系挖掘和预测、依据顾客的浏览轨迹进行精准营销、气象的关联分析及预测、金融产品的交叉销售和分析等。

6．人工神经网络

人工神经网络是自 20 世纪 80 年代以来在人工智能领域中兴起的研究热点。人工神经网络是由大量处理单元互相连接组成的非线性、自适应的信息处理系统。它从信息处理角度对人脑神经元网络进行抽象，建立某种简单模型，并按不同的连接方式组成不同的网络。人工神经网络是一种运算模型，由大量的节点（又称神经元）相互连接构成。每个节点代表一种特定的输出函数（被称为激励函数）。每两个节点间的连接都代表一个对于通过该连接信号的加权值，我们称之为权重，这相当于人工神经网络的记忆。网络的输出则依照网络的连接方式、权重和激励函数的不同而不同。而网络自身通常都是对自然界的某种算法或者函数的无限接近，也可能是对一种逻辑策略的表达。

人工神经网络在模式识别、智能机器人、自动控制、预测估计等领域已经成功地解决了许多现代计算机难以解决的实际问题，表现出了良好的智能特性。

7．集成学习

俗话说："三个臭皮匠，赛过诸葛亮"。如果聚合一组模型（比如分类器或回归器）的预测，则得到的预测结果也比最好的单个模型要好。我们将聚合中这样的一组模型称为集成。这种技术，也被称为集成学习。集成学习的算法则被称为集成算法。集成算法是将多个较弱的模型集成为模型组，其中的模型可以单独进行训练，并且它们能以某种方式结合起来进行总体预测。最常见的集成算法有两种——boosting 和 bagging。boosting 是基于分类错误样本提升模型的性能的算法，即通过集中关注被已有模型分类错误的样本，然后构建新模型并集成的算法。bagging 是基于数据随机重抽样的模型构建算法。

第 **2** 章

数据思维

技术只是实现商业目的的工具，机器学习也不例外。为了更好地进行技术实践，本书有必要介绍一下数据思维。本章主要从理论角度介绍数据思维，希望能对读者在数据驱动业务的过程中有所启发，同时本章给出在整个数据挖掘过程中的经验"定律"。

2.1　数据思维认知

大数据技术带来的变革是多方面的，但是首当其冲的是认知机制上的变革。随着大数据技术的日新月异，其已经成为一种全新的科学工具，这一技术同样蕴含着数据思维的认知路径。

1. 数据思维的全局性认知路径

在大数据技术未被开发及利用之前，人们对于某一事物的认知通常是通过样本抽样的研究方法，抽取主要数据或者具有代表性的数据。这只是人类由于数据收集手段的落后导致无法获得总体数据的无奈之举。在这种局部性认知路径下，人们对事物的认知往往会忽略一些细节，甚至是更重要的数据资源，所以人们以往得出的认知结果具有一定的局限性和片面性。

如今使用数据思维去认知事物，依托计算机技术和互联网的广泛运用和发展，人们在认知事物的过程中可以用一个全局性、宏观性的认知路径获得并分析更多的数据资源。现在我们几乎可以获得所有的相关数据，不再一味地依靠以往的样本少的数据，这样一些细节性且不容易捕捉的数据就会得到有效的挖掘和利用，进而让我们对事物有更加全面的认知。

随着大数据技术的不断发展，相对应的数据收集、存储、分析等技术也会取得一定的突破。这样一来，获取我们想要认知事物的数据就会更加方便、快捷、动态，而不再因技术限制而不得不采用局限性的样本抽样的研究方法。而且我们的思维认知路径也应该产生相应的变化，即应该从局部性认知路径转向全局性认知路径，从而能够更加全面、立体、系统地认知和研究事物。

全局性认知路径得益于计算机技术的不断创新和发展：计算机计算速度的不断加快再加上其存储空间的逐渐加大，使得我们可以高效率地利用数据思维去认知外界事物。但是，需要说明的是，不能一味地夸大这一研究路径，从而完全摈弃以往传统的样本抽样方法，因为数据思维的全局性认知路径也存在明显的不足。

虽然现在的计算机技术已经可以容纳足够多的数据，也可以处理海量的数据，但是这些数据中大多都是价值小的数据，甚至是无用的数据。从海量的数据中精确筛选出有价值的数据还需要新的计算机技术。这样一来，数据思维的全局性认知路径便暴露出其明显的不足，即需要耗费过多的资源去处理海量的数据才能得到有价值的数据，可谓在大浪中淘金，不仅增加了不必要的成本，而且得到的数据缺乏一定的针对性和有效性。因此，我们在使用数据思维的全局性认知路径的同时也不能忽视样本抽样的方法，在目前的计算机技术没有达到精准定位数据的情况下，将两者有效结合和使用，更有利于我们进行科学研究和数据统计。

2. 数据思维的模糊性认知路径

在以往研究事物的过程中，由于认知方法的局限性，我们只能抽取一定量的数据作为认知对象并加以研究。为了使认知结果更完善，并进一步完成下一步的研究，必须要保证这些被抽到的数据尽可能精确化、结构化，否则，最后得出的结果将会影响整个认知过程。因此，在传统的认知机制中必须非常重视精确性思维，要秉持精准的态度去分析数据。

然而，随着计算机技术的日益成熟和广泛应用，大量的非结构化、异构化的数据能够得到存储和分析，这在提升我们从数据中获取知识和洞察能力的同时，也对传统的精确认知路径造成了一定的挑战。换句话说，由于信息时代下的计算机技术水平有限，所以只能依靠精确性的数据分析，在这其中只能运用到传统数据库中的少量的结构化数据。如果不接受一定程度的"模糊"，则剩下大量的非结构化数据都无法利用，只有善于、敢于运用数据思维的模糊性认知路径，我们才能进入一个从未涉足的"世界"。

换句话说，数据思维的认知视角要求我们在认知事物的过程中从精确性认知路径逐渐转向模糊性认知路径。适当忽略数据在微观层面上的精确度，容许一定程度上的模糊与混杂，不仅可以极大地提高我们的认知效率，还可以让我们在宏观层面上获得更好的知识资源和洞察视角。

数据思维的模糊性认知路径不再一味地追求精准性，而是追求结果的高效性和实用性，所以它将在一定程度上弥补了全局性认知路径的缺陷，减少了分析、计算的时间，以及降低了流程的复杂度，这在某些领域是值得提倡和借鉴的。

同时，我们也应该认识到，数据思维的模糊性认知路径也应该具体问题具体分析，不能一味夸大。

3．数据思维的关联性认知路径

人们在以往的科学研究中，普遍认为一切科学认知都在寻找现象之间的因果性，热衷于追根溯源，试图通过从局限的认知路径获得的样本来剖析其中的内在原理，并由此形成固定的认知路径（即因果性认知路径）。传统的认知路径有一个明显的不足，就是认知数据太少，无法反映认知对象之间的全部关系，也就是说，无法满足关联性。对此，这里有必要先梳理一下因果性和关联性之间的内在关系。因现象之间的必然性而建立起来的联系被称为因果性，因此，两个现象之间存在的因果性又被称为因果必然性。而两种事物之间的关联却不一定具备因果性中的必然性，它完全可以是偶然的。关联性按照强弱程度可以分为强关联性和弱关联性。因果性就是关联性的一种表现形式，即它是一种强关联性。关联性认识路径就是指在我们运用数据思维认知某一事物的过程中，只需要把研究对象当成一个"黑箱子"，只研究"黑箱子"的输入方与输出方之间的关系，而不研究"黑箱子"本身。换句话说，就是只研究表象而不研究本质。其本质的研究是从业务层面着手的，包括业务背景、业务逻辑及业务经验。

数据思维正是要求我们培养这种关联性认知路径。因为我们可以通过大数据技术挖掘出事物之间隐含的关联关系，而大数据的核心议题正是建立在关联关系分析基础上的预测。有了这样的预测，我们就可以获得更多的认知和预见。运用这些认知与预见，我们就可以更好地捕捉现在和较为精准地预知未来。此外，通过关注大数据的线性关联关系，以及复杂的非线性关联关系，还可以帮助我们发现以往不曾关注的事物之间的关联，进一步掌握以前无法理解的复杂技术和社会动态。从这个意义上讲，大数据中的关联关系甚至可以超越因果关系，成为我们认知这个世界更好的方法或路径。

因此，我们不要一味地秉持以往的因果性认知路径，要试图运用数据思维这种全新的关联性认知路径，努力颠覆传统认知思维模式和固有偏见。但这并不意味着要完全摈弃因果性认知路径，因为寻找关联性是我们在大数据中没有找到因果性的无奈之举。这样看来，我们应该明确：关联性认知路径不是完全地摈弃和排斥因果性认知路径，而是在肯定因果性的基础上又不拘泥于因果性，并通过关联性认知路径超越和发展因果性，这样我们才能更好地分享数据思维带来的深刻洞见。

4．数据思维的动态性认知路径

事物的本质是以多维度状态和多层次形态呈现的，大数据分析技术作为全新的科学技术手段，在分析数据的过程中通过动态性认知路径，从事物的多维度层面，采用灵活、模糊、立体、非确定的思维来认知数据价值。数据思维的动态性认知路径使得我们在同一时间从多个角度认知事物时，秉承亦对亦错、亦此亦彼的原则，这样就没有了绝对的对错判断，从而不会受到具体问题和复杂背景环境的限制和影响。

以往，我们在对数据认知的过程中，必须采取静态性认知路径来提升数据的准确性，从而最大限度地降低由于数据出错带来的结果偏差。更为复杂的是，对于传统的静态性认知路径，我们还需要花费大量的精力去检测并去除错误数据。相反，对于数据思维的动态性认知路径，错误数据不仅不会影响认知结果，反而会让我们利用这些错误数据并借助一定的反馈机制，最终精准获知数据的内在价值。数据思维的动态性认知路径实质上综合了各个认知路径的优势于一体，完美地展现了数据思维的先进性。

所谓动态，便是需要灵活，而要想灵活地处理和分析数据，就必须做到在全局状态下实现数据的相互关联。在这里，实现动态性的关键在于大数据系统本身具有的内在反馈机制，因此，在数据处理过程中，不必在乎每一步的对与错，因为程序一旦发生错误，则系统便能及时地得到反馈并加以修正，然后继续处理和分析数据。这样便有效地弥补了以往静态性认知路径的不足。这样一来，不仅极大地提高了数据处理的速度，而且也提高了数据处理的精度，进而使数据思维的动态性认知路径的作用得到了有效发挥。

总之，数据思维的动态性认知路径摆脱了传统的静态性认知路径的束缚和限制，从动态性视角多维度、多层次地认知数据的价值，从而进一步揭示了认知事物的内在真理，让我们能够更加全面地认识世界。

2.2　数据思维认知的主观性与客观性

下面从主观性与客观性的角度对数据思维进行探讨，其中，更多集中在数据工程中的不同阶段。

1．数据思维的客观性认知

大数据分析技术必须依靠和尊重客观事实，建立在客观性的基础之上。大数据分析技术的客观性思维特征既表现在其作为一种科学主张的性质，也表现在进行科学认知研究的过程中所用的方法、程序及所秉持的态度。另外，客观性是科学知识的基本属性，而大数据分析技术作为一种科学技术手段，同样应该把客观性作为分析和计算的基础。

众所周知，大数据分析需要依靠的核心技术是各类数据处理与分析软件或系统模型算法。因此，不管是哪种大数据分析方法，在执行运算的过程中，都不会掺杂任何的主观性因素。所有的大数据分析完全是由硬件执行提前设计好的算法或程序，最终得出分析结果。客观性无疑是大数据分析认知路径中的主体特征，是人们排除主观经验的无私利性和无偏见性的重要体现。

2．数据思维的主观性认知

数据分析享有对大数据分析的结果优先的绝对解释权，数据思维的主观性认知特征正是表现于此。可是，如果这种优先权完全代表的是与客观事实无关的个人意见、偏见，那么对优先权的要求就是无理的。此时，大数据分析便会发挥其客观性的特征，拒绝并阻止这一优先权。

数据思维的主观性认知特征大致表现在以下两个方面：

第一个方面是被认知的对象，即海量的数据库。就其内容本身而言，具有不可避免的主观性。因为首先我们在认知过程中得出的各种数据资源，不可能把认知的主体和客体严格地区分开；其次，感受特质并不是完全由客体强加的，而是包括认知主体的选择和功能构建的主动性过程。

第二个方面是数据思维的认知路径中所用到的数据处理方法。因为人类的认知过程本身是具有主观能动性的，即人类的认知过程是一个主观创造的过程。数据思维的认知过程要求人类发挥其主观能动性，设计并创造出先进的算法及处理和分析数据的工具，以此来提高数据思维的高速性、高效性及可靠性。从这个意义上来讲，在数据思维的认知路径中还带有显著的主观性思维特征。

综上所述，数据思维的认知路径作为依托于实际生活的微分方程式优化处理方法，必然是客观性与主观性相结合的，两者相伴存在，具有高度的统一性、互补性、融合性。不管是大数据来源本身还是大数据分析中的每一个计算方法，都是客观性与主观性的内在结合。

3．数据思维主客观性的认知统一

在运用数据思维认知事物的过程中体现了主观性与客观性的特征。其中，客观性作为数据思维的认知路径中的主要思维特征，保证了整个认知系统的有效性，但是一些无法避免的主观性因素依然存在，这就使得最终的认知结果会出现一定的偏差。信息反馈在大数据分析过程中的合理应用极大地减少了这个不足，从而保证了数据思维的认知过程的有效性和认知结果的可靠性。

计算机和互联网技术的广泛应用和发展是大数据分析技术的基础和关键。计算机技术的运行过程简单地讲便是信息输入、加工及再输出的过程。信息反馈也可以被看作这一过程的简单类比。信息反馈是一种揭示信息反过来调控系统稳定的内在机制，数据思维的认知过程正是依靠这一机制来保证整个系统的有效运行的。

具体来看，首先，在数据思维的认知过程中，数据即为信息。这里的信息即输入数据。信息具有相当广泛的意义，是一种涵盖人类活动的各个领域的具有普遍性的基本属性。其次，所谓反馈，就是把信息反过来作用于系统的输入端，从而对系统的再输入产生影响，进而对系统的功能产生影响。在数据思维的认知过程中，有个别的主观性因素会作为输入数据，然后在信息反馈机制的作用下，形成反馈回路，表现在功能上则是使它们具有自动调节的功能。最后，信息反馈机制保证数据思维认知的主客观特征统一的具体运作过程为：数据思维认知过程是一个具有反馈机制的循环过程，个别主观数据的输出作为初步结果被有控制地再次回授输入中，因此，在维持某些变量的意义上或者在引向一个预期目标的意义上，整个思维过程都成为一种自调节系统。换句话说，反馈机制使得数据思维的认知过程得以趋近人类认知的目标值（目的）。因此，人类的认知行为及控制都在数据思维的认知过程中形成反馈，从而起到自我调节的作用，直到达到一个具体、统一的认知数据（结果）为止，从而达到一个认知的合理的稳定状态。

综上所述，对于整个数据思维的认知过程，从数据输入到输出，都摒弃了偏颇甚至错误的主观性认知数据，接近客观性认知数据，具备了更强的稳定性。也就是说，通过这样的不断反馈，使数据思维的认知过程达到了主观性与客观性的统一。

2.3　数据挖掘"定律"

下面的 9 条"定律"有可能颠覆对你的"当然认知",不过你需要仔细品味。

1. 目标律

业务目标是所有数据解决方案的源头。它定义了数据挖掘的主题:数据挖掘所要解决的业务问题和实现的业务目标。数据挖掘不是一种技术,而是一个过程,业务目标是它的核心,所有的数据挖掘过程都围绕业务。

2. 知识律

业务理解必须基于业务知识,所以数据挖掘的目标必须是业务目标的映射(这种映射也基于数据知识和数据挖掘知识)。

业务理解是使用业务知识理解与业务问题相关的数据,以及它们是如何相关的。

数据预处理是利用业务知识来塑造数据,使得业务问题可以被提出和解答。

建模是使用数据挖掘算法创建预测模型,同时解释模型和业务目标的特点。也就是说,要理解它们之间的业务相关性。

评估是评价模型对业务的影响，实施是将数据挖掘结果作用于业务过程。

总之，没有业务知识，数据挖掘过程的每一步都是无效的，也没有"纯粹的技术"步骤。业务知识会指导数据挖掘过程产生有益的结果，并使得那些有益的结果得到认可。数据挖掘是一个反复的过程，业务目标是它的核心，驱动着结果的持续改善。

数据和现实世界是有差距的。在数据挖掘过程中，业务知识可以缩短这一差距。在数据中无论发现什么，只有使用业务知识才能显示其重要性，数据中的任何遗漏必须通过业务知识来弥补，业务知识是数据挖掘过程中每一个步骤的核心。

3．准备律

数据预处理比数据挖掘过程中的其他步骤都重要。数据预处理是整个数据挖掘过程的重点。数据挖掘过程中最费力的事情是数据获取和预处理，其占用整个过程的时间超过 60%。这是因为数据处理是困难的，有的企业经常采用自动化技术减少这个"问题"的工作量。虽然自动化技术是有益的，大多数支持者也相信这项技术可以减少数据预处理的工作量，但这也是人们误解数据预处理在数据挖掘过程中是必需的原因。

数据预处理的目的是把原始数据转化为格式化的数据，使得大数据分析技术更容易利用它。任何形式的数据变化都意味着问题空间的变化，因此这种分析必须是探索性的。这是进行数据预处理的重要阶段，并且在数据挖掘过程中占有非常大的比重。数据预处理并不能通过简单的自动化技术实现。这里要说明：数据预处理的前提是数据探索，但数据探索往往不会作为数据分析的关键节点。而且在具体操作中，数据探索和数据预处理是交替进行的。

4．试验律

一个模型只有通过实验才能被验证是否正确。在机器学习中有一个原则：如果我们充分了解一个问题空间，那么我们可以选择或设计一个可以找到最优方案的有效算法。一个有效算法的参数依赖数据挖掘问题空间中一组特定的属性集，这些属性可以通过分析发现或者通过算法创建。但是，这种观点来自一个错误的思想：在数据挖掘过程中，数据挖掘者将问题公式化，然后利用算法找到解决方法。事实上，数据挖掘者将问题公式化和寻找解决方法同时进行，算法仅仅是数据挖掘者的一个工具。

以下 5 个方面说明了实验对于寻找数据挖掘解决方案是必要的：

（1）数据挖掘项目的业务目标定义了数据挖掘项目的边界（定义域）；

（2）与业务目标相关的数据及其相应的数据挖掘目标是在这个定义域上的数据挖掘过程中产生的；

（3）这些过程受规则限制，而这些过程产生的数据反映了这些规则；

（4）在这些过程中，数据挖掘的目标是通过模式发现数据挖掘算法，并且可以解释数据挖掘结果与业务知识相结合；

（5）数据挖掘需要在这个定义域上生成相关数据，这些数据含有的模式不可避免地受到这些规则的限制。

同时，业务目标不是简单地在开始就给定的，它贯穿于整个数据挖掘过程。这可以解释一些数据挖掘者为什么在没有清晰的业务目标的情况下就开始数据挖掘，因为他们知道业务目标也是数据挖掘的一个结果，不是静态给定的。

5. 模式律

这条定律最早由 David Watkins 提出：我们可能预料到一些数据挖掘项目会失败，因为解决业务问题的模式并不存在于数据中，但这与数据挖掘者的实践经验并不相关。这是因为在一个与业务相关的数据集中我们总会发现一些有趣的模式，以至于一些期望的模式不能被发现，但其他一些有用的模式可能会被发现（这与数据挖掘者的实践经验相关）。

然而，Watkins 提出了一个更简单、直接的观点："数据中总存在模式。"这个观点后来经过 Watkins 修正：在基于客户关系的数据挖掘项目中总是存在这样的模式，即客户未来的行为总是和先前的行为相关，显然这些模式是有利可图的。任何数据挖掘问题都会存在模式。

数据中总存在模式，因为在数据挖掘过程中不可避免地产生了数据这样的副产品。为了发现模式，数据挖掘要从业务知识开始。利用业务知识发现模式也是一个反复的过程；这些模式也对业务知识有贡献，同时业务知识是解释模式的主要因素。在这种反复的过程中，数据挖掘算法简单地连接了业务知识和隐藏的模式。

6. 洞察律

这条定律接近了数据挖掘的核心：为什么数据挖掘必须是一个业务过程而不是一个技术过程？业务问题是由人解决的：数据挖掘者和业务专家从问题中找到解决方案，即从问题的定义域上达到业务目标需要的模式。数据挖掘完全或部分有助于开展这个认知过程。数据挖掘算法揭示的模式通常不是人类以正常的方式所能认识到的。在数据挖掘过程中，问题解决者解释数据挖掘算法产生的结果，并统一到业务理解上，因此，这是一个业务过程。总之，数据挖掘算法提供了一种超越人类以正常方式探索模式的能力，数据挖掘过程允许数据挖掘者和业务专家将这种能力融合在他们各自的问题中和业务过程中。

7．预测律

"预测"已经成为数据挖掘模型可以做什么的描述，例如我们常说的"预测模型"和"预测分析"。这是因为许多流行的数据挖掘模型经常是"预测最可能的结果"（或者解释可能的结果如何有可能）。"预测"是分类和回归模型的典型特征。但是，其他类型的数据挖掘模型，比如聚类和关联模型也有"预测"的特征。这是一个含义比较模糊的术语。例如一个聚类模型可能被描述为预测一个个体属于哪个群体，一个关联模型可能被描述为基于已知基本属性预测一个或更多属性。

"预测"这个术语在不同的主题中有不同的应用：一个分类模型可能被理解为预测客户行为，更加确切地说，它可以预测有某种确定行为的目标客户，即使不是所有目标客户的行为都符合"预测"的结果。一个诈骗检测模型可能被理解为预测个别交易是否有高风险，即使不是所有预测的交易都有欺诈行为。"预测"这个术语的广泛使用，导致了所谓的"预测分析"被作为数据挖掘的总称，并且在业务解决方案中得到了广泛的应用。但是我们应该意识到，这并不是我们日常所说的"预测"，因为我们不能期望预测一个特殊个体的行为或者一个特别的欺诈调查结果。

那么，在这个意义下的"预测"是指什么呢？分类、回归、聚类和关联算法及它们集成的模型有什么共性呢？答案是"评分"，这是预测模型被应用到一个新样例的方式。模型产生一个预估值或评分，这是这个样例新增的信息；在概括和归纳的基础上，该样例可以利用的信息增加了，模式被算法发现和模型具体化。值得注意的是，这个新信息不是在"给定"意义上的"数据"，它仅有统计学意义。

8．价值律

数据挖掘结果的价值不取决于模型的稳定性或预测的准确性。准确性是指正确的预测结果所占的比例；稳定性是指当创建模型的数据改变时用于同一口径的预测数据，其预测结果变化有多大（或多小）。一个预测模型的准确性和稳定性常被认为决定了其结果的价值大小，实际上并非如此。

发挥预测模型的价值有两种方式：一种是用模型的预测结果来改善或影响行为，另一种是模型能够传递导致策略改变的见解（或新知识）。对于后者，传递出的任何新知识的价值和模型的准确性的联系并不是很紧密。一些模型的预测能力可能使我们相信发现的模式是真实的。然而，一个让人难以理解的、复杂的或者完全不透明的模型，即使其预测结果具有高准确性，但传递的见解也并非那么有见地，一个简单的低准确性的模型可能会传递出更有用的见解。

模型的价值意义在于推动业务发展或者决策执行，预测结果的准确性与是否体现模型的价值的关系不大。例如，客户流失模型可能需要高的预测准确性，否则对于业务上的指导不会有效，如果不适合业务问题，则高准确性并不能提高模型的价值。

模型的稳定性同样如此，虽然稳定性是衡量预测模型的重要指标，但稳定性不能帮助模型具有业务理解的能力或解决业务问题，其他技术手段也是如此。总之，模型的价值不是由技术指标决定的。我们应该在模型不损害业务理解和适用于业务问题的前提下，关注模型的预测准确性、稳定性及其他的技术度量指标。

9. 变化律

通过数据挖掘发现数据背后规律的模式不是永远不变的。数据挖掘的许多应用是众所周知的，但是这个性质的普遍性没有被广泛重视。数据挖掘在市场营销和客户关系管理方面的应用很容易理解：客户行为模式随着时间的变化而变化。行为的变化、市场的变化、竞争的变化及整个经济形势的变化，都会让预测模型过时。当其不能准确预测时，应当定期更新。数据挖掘在欺诈检测和风险预测方面的应用中同样如此。随着环境的变化，欺诈行为也在变化，欺诈检测模型必须能够处理新的、未知类型的欺诈行为。

　　某些数据挖掘发现模式可能被认为不会随时间的变化而变化，比如对于数据挖掘在科学上的应用。其实，模式本身也希望得到改变，因为它并不是简单存在的规则，而是数据的反映。但因为在某些特定领域数据是不随时间的变化而变化的，所以，模式（规则）在这些特定领域确实是静态的。

　　然而，数据挖掘发现模式是认知过程的一部分，是数据挖掘在数据描述的世界与观测者或业务专家的认知之间建立的一个动态过程。因为我们的认知在持续发展和增长，所以，我们期望模式也会变化。明天的数据表面上看起来和今天的数据相似，但是它可能已经集合了不同的模式、不同的目的及不同的语义；分析过程会受业务知识驱动，所以其会随着业务知识的变化而变化。基于这些原因，数据挖掘发现模式会有所不同。

　　总之，所有的模式都会变化，因为它们不仅反映了一个变化的世界，也反映了我们变化的认知。这 9 条定律是关于数据挖掘的简单真知。

　　这 9 条定律的大部分内容已被数据挖掘者熟知。大多数新观点的解释都和这 9 条定律有关，它试图解释众所周知的数据挖掘背后的原因。所以，我们没必要在意数据挖掘过程中所采用的形式。数据挖掘过程以现在的形式存在是因为技术的发展，机器学习算法的普及，以及综合其他技术并集成这些算法的平台的发展，从而使得商业用户易于接受。我们是否应该期望通过技术的改变而改变数据挖掘过程呢？最终数据挖掘过程会改变，但是如果我们理解了数据挖掘过程形成的原因，我们就可以辨别技术可以改变的和不能改变的地方。

　　一些技术的发展在预测分析领域具有革命性的作用，例如数据预处理的自动化、模型的重建和在部署的框架里通过预测模型集成业务规则。数据挖掘的 9 条定律及其解释说明：技术的发展不会改变数据挖掘过程的本质。这 9 条定律和这些思想的进一步发展，除了对数据挖掘者有价值，还应该被用来判断未来在任何数据挖掘过程中产生革命性变化的诉求。

第 **3** 章

逻辑回归

3.1　逻辑回归基础：从线性回归到逻辑回归

1. 线性回归

我们首先回顾一下线性回归算法：利用大量的样本 $D=(x_i,y_i)$，$i=1,2,3,\cdots,N$，通过有监督的学习，学习到由 x 到 y 的映射为 f，利用该映射关系对未知的数据进行预测。具体的一元线性回归模型如下：

设商品数量为 x，售出价格为 y。我们需要建立基于输入 x 计算输出 y 的表达式，即模型。顾名思义，线性回归假设输出与各个输入之间是线性关系：$y=\omega\cdot x+b$，其中 ω 是权重（weight），b 是偏差（bias），它们是线性回归模型的参数（parameter）。模型的输出 $\hat{y}$ 是线性回归对售出价格 y 的预测，通常允许它们之间有一定的误差。当然，多元线性回归模型就是在其中再加入自变量（如商品保质期）。

2. 线性回归与逻辑回归的联系

在线性回归中，输出一般是连续的，对于每一个输入 x，都有一个对应的输出 y。因此，线性回归的定义域和值域都可以是无穷的。但是对于逻辑回归模型，输入 x 可以是连续的（范围为$[-\infty, +\infty]$），输出 y 一般是离散的，通常只有两个值$\{0,1\}$。这两个值可以表示对样本的某种分类，如高/低、患病/健康、阴性/阳性等。这就是最常见的二分类逻辑回归。因此，从整体上来说，通过逻辑回归，我们将整个实数范围中的 x 映射到了有限个点上，这样就实现了对 x 的分类。因为每次拿过来一个 x，经过逻辑回归分析，就可以将它归入某一类 y 中。

线性回归可以预测连续值，但是不能解决分类问题，我们需要根据预测的结果判定其属于正类（是）还是负类（否）。二元逻辑回归就是将线性回归的结果 $(-\infty, +\infty)$ 通过 Sigmoid 函数映射到 $(0,1)$ 中。所以，我们可以认为逻辑回归的输入是线性回归的输出，将 Sigmoid 函数（Sigmoid 曲线）作用于线性回归的输出，然后得到输出结果。

逻辑回归与线性回归除了因变量不同，其他的差不多。因此，这两种回归可以被归于同一个家族，即广义线性模型。这一家族中的模型形式差不多，只有因变量不同。如果因变量是连续的，就是多重线性回归，如果因变量是二项分布的，就是逻辑回归。逻辑回归的因变量可以是二分类的，也可以是多分类的，但是二分类的逻辑回归更为常用，也更加容易解释。所以，在实际中最为常用的就是二分类的逻辑回归。

3．线性回归与逻辑回归的区别

逻辑回归是一种广义线性模型，虽然被称作回归，但在实际应用中被用作分类。作为一种经典的分类方法，逻辑回归在机器学习中有着广泛的应用。逻辑回归的一个优势就是它是基于概率的分类算法并且很容易被扩展到多类问题。更重要的是，大多数无约束最优化技术都可以被应用到逻辑回归的求解过程中。

逻辑回归虽然是一种回归模型，但其又与普通的线性回归有一定的区别：

（1）逻辑回归的因变量为二分类变量。

（2）逻辑回归的因变量和自变量之间不存在线性关系。

（3）一般在线性回归中需要假设独立同分布、方差齐性等，而逻辑回归不需要。

（4）逻辑回归没有关于自变量分布的假设条件，可以是连续变量、离散变量和虚拟变量。

3.2　逻辑回归函数构建

在构建函数之前，先讲一下逻辑回归的主要用途。

（1）寻找危险因素：找到某些影响因变量的危险因素，一般可以通过"优势比"发现危险因素。

（2）用于预测：预测某种情况发生的概率。

（3）用于判断：判断某个新样本所属的类别。

当学完此部分内容后，你就可以通晓逻辑回归的内在逻辑了。

1．Sigmoid 函数

前文已经有所介绍，逻辑回归不是解决回归问题，而是解决分类问题。逻辑回归使用具有独立预测变量的线性方程来预测值。预测值的范围 $[-\infty,+\infty]$。我们需要将算法的输出作为类变量，即 0（否）与 1（是）。因此，我们将线性方程的输出值压缩到[0,1]区间中。要将预测值压缩为 0~1，可以使用 Sigmoid 函数：

$$z = \boldsymbol{\beta}^{\mathrm{T}}x = \beta_0 + \beta_1 x_1 + \beta_2 x_2 + \cdots + \beta_n x_n \tag{1}$$

$$g(x) = \frac{1}{1 + \mathrm{e}^{-x}} \tag{2}$$

联立方程（1）与（2），有：

$$h_\beta(x) = g(z) = \frac{1}{1+e^{-z}} = \frac{1}{1+e^{-(\beta^\mathsf{T} x)}} \qquad (3)$$

其中，β 是参数，从（3）式中可以看出，其实是将线性方程的输出 z 作为函数 $g(x)$ 的输入。该函数返回一个压缩后的值 h，该值 h 将在[0,1]区间中。如图 3-1 所示为 Sigmoid 函数的曲线图。

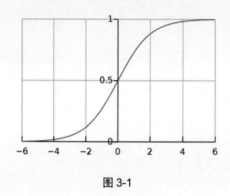

图 3-1

可以看到，对于 x 的正值，Sigmoid 函数变为 $h_\beta(x)=1$ 的渐近线，对于 x 的负值，Sigmoid 函数变为 $h_\beta(x)=0$ 的渐近线。$h_\beta(x)$ 是最终得到的预测值（二分类变量中的 1）的概率值，它在[0,1]区间中，通常可以被理解为某件事情发生的可能性。当将其用在二分类问题时，可以设定一个阈值，例如当 $h_\beta(x) > 0.5$ 时，识别为某一类别，否则识别为另一类别，如下所示。

$$y = \begin{cases} 1, & h_\beta(x) > 0.5 \\ 0, & h_\beta(x) \leqslant 0.5 \end{cases}$$

实际上，逻辑回归是用线性回归的预测结果去逼近真实标记的对数概率，因此，逻辑回归也被称为对数概率回归。它不是仅预测出"类别"，而是可以得到近似概率预测，这对许多需要利用概率辅助决策的任务很有用。此外，Sigmoid 函数是任意阶可导的凸函数，有很好的数学性质，现有的许多数值优化算法都可直接用它求取最优解。

2. 损失函数

损失函数（Loss Function）用来评估模型的预测值与真实值不一致的程度，也是逻辑回归中优化的目标函数。逻辑回归模型的训练或者优化的过程就是最小化损失函数的过程。损失值越小，说明模型的预测值就越接近真实值，模型的健壮性也就越好。下面介绍几种常见的损失函数。

（1）0-1 损失函数

0-1 损失函数是一种最简单的损失函数，多适用于分类问题。如果预测值与真实值不相等，则说明预测错误，输出值为 1；如果预测值与真实值相等，则说明预测正确，输出值为 0。其数学公式为：

$$L\big(y,f(x)\big)=\begin{cases}1, & y=f(x)\\0, & y\neq f(x)\end{cases}$$

但是，由于 0-1 损失函数过于理想化、严格化，难以优化，所以，在实际中，不建议使用 0-1 损失函数作为目标函数。不过，理解了 0-1 损失函数，再理解其他损失函数就很容易了。

（2）平方损失函数

平方损失函数是指预测值与真实值的差值的平方。损失值越大，说明预测值与真实值的差值越大。平方损失函数多用于线性回归任务中，其数学公式为：

$$L\big(y,f(x)\big)=\big(y-f(x)\big)^2$$

同样地，当自变量个数为 n 时，此时的平方损失函数为：

$$L\big(y,f(x)\big)=\sum_{i=1}^{n}\big(y-f(x)\big)^2$$

（3）对数损失函数

对数损失函数常用于逻辑回归问题中，其公式为：

$$L\big(y, P(y|x)\big) = -\log P(y|x) \qquad\qquad (4)$$

在（4）式中，y 为已知分类的类别，x 为输入值，我们需要让概率 $P(y|x)$ 达到最大值。也就是说，我们要求一个参数值，使得目前输出的这组数据的概率值最大。因为概率 $P(y|x)$ 的取值在 $[0,1]$ 区间中，$\log(x)$ 函数在 $[0,1]$ 区间中取值为负数。所以，为了保证对数损失函数的值为正数，要在 log 函数前加负号。

（4）交叉熵损失函数

交叉熵损失函数在本质上也是一种对数损失函数，常用于多分类问题中。其公式为：

$$L = -\sum_{c=1}^{M} y_c \log(p_c)$$

其中：

M 表示类别的数量；

y_c 表示变量（0 或 1），如果其类别和样本的类别相同，就是 1，否则就是 0；

p_c 表示对于观测样本属于类别 c 的预测概率。

接下来着重介绍一下对数损失函数。这里从逻辑回归的二分类问题说起，它输出的值是二值离散的，只有 0 或者 1，此时，就可以对应到二项分布上，而二项分布使用对数损失函数是最直观的。

假设有 m 个独立样本 $\{(x_1, y_1), (x_2, y_2), \cdots, (x_m, y_m)\}$，$y = \{0,1\}$，那么，每个样本出现的概率是：

$$p(x_i, y_i) = p(y_i = 1|x_i)^{y_i} (1 - p(y_i = 1|x_i))^{1-y_i}$$

当 $y = 1$ 时，后面的一项 $(1 - p(y_i = 1|x_i))^{1-y_i}$ 等于 1，当 $y = 0$ 时，前面的一项 $p(y_i = 1|x_i)^{y_i}$ 等于 1。考虑到每个样本是独立的，所以 m 个样本出现的概率可以被表示成它们的乘积，即：

$$L(\theta) = \prod_{i=1}^{m} p(y_i = 1|x_i)^{y_i} (1 - p(y_i = 1|x_i))^{1-y_i} \tag{5}$$

其实式（5）就是极大似然估计的公式。我们的目标是要最大化似然概率。

$$\max \prod_{i=1}^{m} p(y_i = 1|x_i)^{y_i} (1 - p(y_i = 1|x_i))^{1-y_i} \tag{6}$$

对式（6）使用对数损失函数进行简化，得到：

$$\max \sum_{i=1}^{m} \left[y_i \log \left(p(y_i = 1|x_i) \right) + (1 - y_i) \log \left(1 - p(y_i = 1|x_i) \right) \right]$$

再将目标函数 max 换成 min，则目标函数变为：

$$\min \left\{ -\frac{1}{m} \sum_{i=1}^{m} \left[y_i \log \left(p(y_i = 1|x_i) \right) + (1 - y_i) \log \left(1 - p(y_i = 1|x_i) \right) \right] \right\}$$

这里加入 $-\dfrac{1}{m}$ 的原因是共有 m 个样本。其中，$p(y_i = 1|x_i)$ 是前文的 $h_\beta(x)$。我们的目标是通过最优化方法使对数损失函数 $J(\beta) = -\dfrac{1}{m} \sum_{i=1}^{m} \left[y_i \log \left(p(y_i = 1|x_i) \right) + (1 - y_i) \log \left(1 - p(y_i = 1|x_i) \right) \right]$ 尽可能地变小。

3.3　逻辑回归问题求解

逻辑回归问题的求解就是对目标函数中的参数进行最优化求解。由于逻辑回归的目标函数没有解析解[1]，不能直接求得最优的参数，因此，只能使用迭代法求解。下面用比较经典并常用的梯度下降法求解逻辑回归问题。

1.　梯度下降法

对于大部分机器学习算法的应用，从数学上看，其目标就是使我们得到的模型运行结果与理想结果之间的差异尽可能小，故可以将目标函数建模并转换为一个对此类差异的评估函数，求解此类问题就变成了求目标函数最小值的最优化问题。梯度下降法又被称为最速下降法，其理论基础是梯度的概念。梯度与方向导数的关系为：梯度的方向与取得最大方向导数值的方向一致，而梯度的模就是函数在该点的方向导数的最大值。

进入正题，我们的目标就是使损失函数的值最小化，而损失函数又是凸函数（凸函数是一个比较复杂的数学概念，此处不多讲）。前辈们的工作已经保证我们用到的目标函数都是凸函数。

梯度下降法非常容易理解。以一元函数为例，假设我们的目标函数是一个一元凸函数，并且这个函数我们已经知道了，那么只要给定一个自变量的值，就一定能够得到相应的因变量的值。如图 3-2 所示为梯度下降法示意图。

---

1 解析解就是给出解的具体函数形式，从解的表达式中就可以算出任何对应值。与之相对应的是数值解，数值解会给出一系列对应的自变量和解。

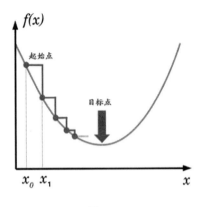

图 3-2

那么，我们可以采用以下步骤来获得其最小值：

（1）随机取一个自变量的值 x_0；

（2）对应该自变量计算出对应点的因变量的值 $f(x_0)$；

（3）计算 x_0 处目标函数 $f(x)$ 的导数值；

（4）从 $f(x_0)$ 开始，沿着该处目标函数导数的反方向，按一个指定的步长 α，向前"走一步"，走到的位置对应自变量的值为 x_1。

（5）继续重复（2）至（4）步，直至退出迭代。

直观地看，就像图 3-2 所示，在曲线上任取一点，放上一个没有体积的"小球"，然后让这个"小球"沿着该处曲线的切线方向"跨步"，每一步的步长就是 α，一直跨到最低点（最小值点）位置。其中，步长 α 决定了为了找到最小值点而尝试在目标函数上的"跨步"有多大。步长必须由外界指定。这种算法不能学习，需要人为设定参数（被叫作超参数）。步长参数是梯度下降法中非常重要的超参数。这个参数的设置如果不合适，则很可能导致最终无法找到最小值点。

对于一个无约束的优化问题：$\min f(x)$，$f(x) = x^2$，显然在 $x = 0$ 处函

数取得最小值，沿着梯度的方向是下降速度最快的方向。具体的过程为：初始时，任取 x 的值，如 $x_0 = 4$，则对应的 $f(x_0) = 16$。利用梯度下降法，我们有 $x_1 = x_0 + \alpha \cdot \frac{\mathrm{d}f(x)}{\mathrm{d}x}\big|_{x=x_0}$，其中 α 为学习率，取固定常数。我们取 $\alpha = 0.5$，则 $x_1 = 0$，对应的 $f(x_1) = 0$。类似地，取 $x_2 = 0$，对应的 $f(x_2) = 0$。算法终止的判断准则为：$|f(x_2) - f(x_1)| < \varepsilon$，其中 ε 是一个指定的阈值。所以，$\min f(x) = f(0) = 0$。

这里的关键是梯度的更新公式，即：$x_{k+1} = x_k + \alpha \cdot \frac{\mathrm{d}f(x)}{\mathrm{d}x}\big|_{x=x_k}$。

所以，逻辑回归的梯度下降更新过程可以写为：$\beta^{k+1} = \beta^k + \alpha \cdot \sum_{i=1}^{m} h_\beta\big((x_i) - y_i\big)x_i^k$，$k = 0,1,2,\cdots,n$。

使用梯度下降法对逻辑回归问题进行计算，既可以保证计算过程的相对简单，又可以保证算法的有效。在实际工作中，梯度下降法被广泛采用。在使用梯度下降法的算法中，每次可以较好地决定下降的方向，并且算法相对简单。

3.4　逻辑回归模型评估

对于 0-1 变量的二分类问题，分类的最终结果可以用表 3-1 表示。

表 3-1

预测值 实际值	0	1
0	a	b
1	c	d

其中，a 是"实际为 0 而预测为 0"的样本个数，b 是"实际为 0 而预测为 1"的样本个数，c 是"实际为 1 而预测为 0"的样本个数，d 是"实际为 1 而预测为 1"的样本个数。我们通常将表 3-1 所示的矩阵称为"**分类矩阵**"（混淆矩阵）。在一般情况下，我们比较关注响应变量取 1 的情形，将其称为 Positive（正例），而将响应变量取 0 的情形称为 Negative（负例）。**通常采用 ROC 曲线与 lift 曲线作为评价逻辑回归模型的指标。**

模型的评估指标主要有以下几个维度：

（1）分类准确率 ＝ 正确预测的正例数和反例数／总数：

$$\text{Accuracy Rate} = \frac{a+d}{a+b+c+d}$$

（2）错误分类率 ＝ 错误预测的正例数和反例数／总数：

$$Error\ Rate = \frac{b+c}{a+b+c+d}$$

（3）正例的覆盖率 ＝ 正确预测的正例数 ／ 实际正例总数

$$True\ Positive\ Rate = \frac{d}{c+d}$$

（4）负例的覆盖率 ＝ 正确预测的负例数 ／ 实际负例总数

$$True\ Nagative\ Rate = \frac{a}{a+b}$$

（5）正例的命中率（召回率）＝ 正确预测的正例数 ／ 预测正例总数

$$precision(Positive predicted value PV+) = \frac{d}{b+d}$$

（6）负例的命中率 ＝ 正确预测的负例数 ／ 预测负例总数

$$precision(Negative predicted value PV-) = \frac{a}{a+c}$$

1. ROC 曲线

在 ROC 曲线中设置了两个相应的指标，分别是 TPR 与 FPR。TPR（True Positive Rate）是**正例的覆盖率**；FPR（False Positive Rate）是将实际的 0（负例）错误地预测为 1（正例）的概率，从上面的定义可知，**FPR=1-负例的覆盖率**。

TPR 与 FPR 相互影响，**而我们希望使 TPR 值尽量大，而 FPR 值尽量小**。影响 TPR 与 FPR 的重要因素就是"阈值"。当阈值为 0 时，所有的样本都被预测为正例，因此，TPR=1，而 FPR=1。此时的 FPR 值过大，无法实现分类。随着阈值逐渐增大，被预测为正例的样本数逐渐减少，TPR 值和 FPR 值各自减小,当阈值增大至 1 时,没有样本被预测为正例,此时 TPR=0,FPR=0。我们可以看出,**TPR 值与 FPR 值存在同方向变化的关系**。而我们希望能够在较少减小 FPR 值的基础上尽可能地增大 TPR 值,由此画出了 ROC 曲线。

ROC 曲线的全称为"**接收者操作特性曲线**"(Receiver Operating Characteristic),其基本形式如图 3-3 所示。

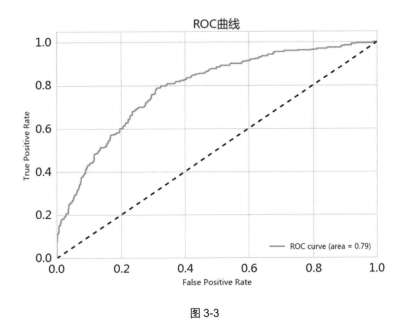

图 3-3

ROC 曲线越远离对角线,模型的效果越好。极端的情况是 ROC 曲线经过(0,1)点,即将正例全部预测为正例,将负例全部预测为负例。ROC 曲线下的面积可以定量地评价模型的效果,其被记作 AUC。AUC 值代表着模型的预测精度。

(1)当 AUC > 0.9 时,   说明模型具有较高的准确性

(2)当 0.7 ≤ AUC ≤ 0.9 时,   说明模型具有一定的准确性

（3）当 $0.5 \leqslant \text{AUC} < 0.7$ 时，　　　　　　说明模型具有较低的准确性

当然了，AUC 值越大，模型的效果越好。

2．lift 曲线

在一些业务场景中，如营销推广活动，我们更关注命中率。回顾前文介绍的分类矩阵，**正例的命中率是指预测为正例的样本中的真实正例的比例**，即 $\text{precision}(\text{Positive predicted value PV+}) = \dfrac{d}{b+d}$，记作 PV。在不使用模型的情况下，我们用先验概率估计正例的比例，即 $\dfrac{c+d}{a+b+c+d}$，记为 k。定义**提升值** $\text{lift} = \dfrac{\text{PV}}{k}$。举个例子。若依照工作经验，在 1000 个消费者中有 100 个是比较积极响应营销推广活动的消费者，则我们向这 1000 个消费者发放传单的效率是 10%（即客户的响应率是 10%），即 $k = \dfrac{c+d}{a+b+c+d} = 10\%$。通过对这 1000 个消费者建立逻辑回归模型进行分类，结果预测有 100 个比较积极响应营销推广活动的消费者，即 $b+d=100$。如果此时这 100 个消费者中有 40 个是我们的潜在客户，即 $d=40$，则命中率为 40%。此时，我们的提升值 $\text{lift} = \dfrac{40\%}{10\%} = 4$，客户的响应率提升至原先的 4 倍。也就是说，通过模型预测后，从对原来 1000 个消费者进行营销推广，消费者响应率为 10%，缩小到对 100 个消费者进行营销，消费者响应率为 40%。对于业务人员，也就是提高了投入产出比。

为了画 lift 曲线，还需要定义一个新的概念——**depth（深度）**，其也是**预测为正例的比例**，即 $k = \dfrac{b+d}{a+b+c+d}$。与 ROC 曲线中的 TPR 和 FPR 相同，**lift 和 depth** 也都受到阈值的影响。当阈值为 0 时，所有的样本都被预测为正例，因此，depth=1，而 $k = \dfrac{c+d}{a+b+c+d} = \dfrac{d}{b+d} = \text{PV}$，所以 lift=1，模型未起到提升作用。随着阈值逐渐增大，被预测为正例的样本数逐渐减

少，depth 值减小，而较少的预测正例样本中的真实正例比例逐渐增大。当阈值增大至 1 时，没有样本被预测为正例，此时 depth=0，而 lift=0。由此可见，**lift** 与 **depth** 存在相反方向变化的关系。lift 曲线如图 3-4 所示。

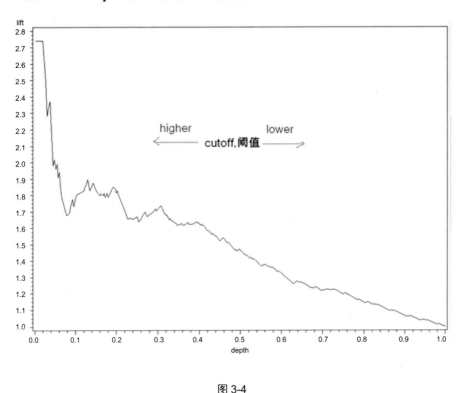

图 3-4

与 ROC 曲线不同，lift 曲线凸向（0,1）点。我们希望在尽量大的 depth 值下得到尽量大的 lift 值（当然要大于 1）。也就是说，这条曲线的右半部分应该尽量陡峭。很多时候，只要 lift 值大于 1，则说明模型是有意义的，当然 lift 值越大越好。

ROC 曲线和 lift 曲线都能够评价逻辑回归模型的效果，只是它们分别适用于不同的问题。

（1）如果是类似信用评分的问题，希望尽可能完全地识别出有违约风险的客户（不漏掉一个客户），则需要考虑尽量增大 TPR 值（增大覆盖率），同时减小 FPR 值（减少误判），因此，**可以选择 ROC 曲线和相应的 AUC 作为指标**。

（2）如果是做类似数据库精确营销的项目，希望能够通过对全体消费者进行分类来得到具有较高响应率的客户群，从而提高投入产出比，则需要考虑尽量增大 lift 值，同时 depth 值不能太小（如果只对一个消费者进行营销推广，则虽然响应率较大，却无法得到足够多的响应人数），因此，**可以选择 lift 曲线作为营销推广指标**。

3.5　Python 代码实现

1．绘制 Sigmoid 函数图形

首先，用 Python 绘制 Sigmoid 函数图形，代码如下所示。

```
#导入相应的库
import numpy as np
import matplotlib.pyplot as plt

#定义Sigmoid函数
def sigmoid(x):
    y = 1.0 / (1.0 + np.exp(-x))
    return y

plot_x = np.linspace(-10, 10, 100)
plot_y = sigmoid(plot_x)
plt.plot(plot_x, plot_y)
plt.show()
```

Sigmoid 函数输出图形如图 3-5 所示。

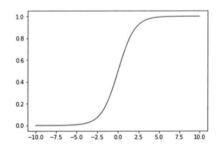

图 3-5

2. 模拟梯度下降过程

```
#定义损失函数
def J(theta):
    return (theta-4)**2

#定义损失函数的导数
def dJ(theta):
    return 2 * (theta - 4)


theta = 0.0 #设置初始点
theta_history = [theta]
eta = 0.1 #步长（学习率）
epsilon = 1e-8 #设置终止条件
while True:
    gradient = dJ(theta)  #求导数
    last_theta = theta #记录上一个 theta 的值
    theta = theta - eta * gradient #得到一个新的 theta
    theta_history.append(theta)
    if(abs(J(theta) - J(last_theta)) < epsilon):
        break #当两个 theta 对应的损失函数值非常接近时，终止循环
plt.plot(plot_x,J(plot_x),color='r')
plt.plot(np.array(theta_history),J(np.array(theta_history)),color
='b',marker='x')
plt.show()
```

输出的模拟梯度下降过程如图 3-6 所示。

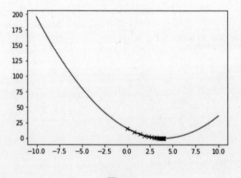

图 3-6

我们可以看到，下降过程在开始比较陡峭，后来慢慢变得平缓。因为开始时导数比较大，斜率比较大。之后导数逐渐接近为 0，斜率就变小了。我们可以通过代码 `print(len(theta_history))` 打印一共走了多少步，运行后输出结果：共走了 48 步。

以上是为了更直观地感受 Sigmoid 函数和梯度下降过程，在具体的逻辑回归实现中，我们将使用 Python 自带的库，这样可以提高效率。

3．逻辑回归的 Python 实现

下面给出单个业务场景的数据分析过程，如图 3-7 所示。

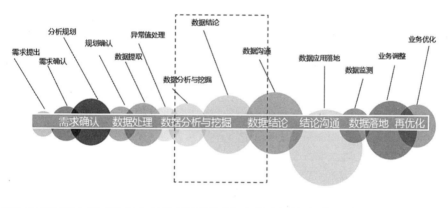

图 3-7

一个完整的数据分析项目主要有以下几个阶段：①需求确认；②数据处理；③数据分析与挖掘；④数据结论；⑤结论沟通；⑥数据落地；⑦再优化。同时，以上几个阶段可能会反复进行。这里只详细介绍数据分析与挖掘，其他部分一带而过。

首先要理解业务问题，下面从数据分析的角度进行阐述。

（1）数据集说明

此数据集是 sklearn.datasets 的内置数据集，包含了 569 个病人的乳腺癌恶性/良性（1/0）类别数据（训练目标），以及与之对应的 30 个维度的生理指标数据。因为数据都为数值型，并且没有缺失值，所以可以直接进行逻辑回归建模。

（2）基于 Python 的逻辑回归模型实现

这里主要使用 Scikit-learn(sklearn)库，因为它是机器学习中比较常用的第三方库，也是简单、高效的数据挖掘和数据分析工具。它对常用的机器学习算法进行了封装，包括回归、降维、分类、聚类等算法。

```python
#导入相应的库
from sklearn.datasets import load_breast_cancer
import numpy as np
from sklearn import linear_model
from sklearn.cross_validation import
train_test_split,cross_val_score
from sklearn.linear_model import LogisticRegression
from sklearn.metrics import confusion_matrix  #混淆矩阵
from sklearn.metrics import roc_curve, auc
import matplotlib.pyplot as plt

cancer_data=load_breast_cancer()  #提取数据集，sklearn库自带此数据集
print("字典键值"+ "\n" ,cancer_data.keys())#cancer_data变量为字典类型，
查看字典对象的键值
print ("数据大小"+ "\n" ,cancer_data.data.shape) #查看数据大小
print ("数据列名(自变量)"+ "\n" ,cancer_data.feature_names)#查看数据列名
print ("自变量取值"+ "\n" ,cancer_data.data)#查看数据列名
print ("因变量"+ "\n" ,cancer_data.target_names) #查看因变量
print ("因变量取值"+ "\n" ,cancer_data.target) #查看因变量取值

#拆分测试集Y与训练集
X = cancer_data.data
```

```
    Y = cancer_data.target
    X_train, X_test, Y_train, Y_test = train_test_split(X, Y,
test_size=0.3, random_state=1111)

    #建立逻辑回归模型
    model =LogisticRegression()
    model.fit(X_train, Y_train)

    #准确率，精确率，召回率
    scores = cross_val_score(model, X_train, Y_train, cv=5)
    print('准确率：',np.mean(scores), scores)
    precisions = cross_val_score(model, X_train, Y_train, cv=5,
scoring='precision')
    print('精确率：', np.mean(precisions), precisions)
    recalls = cross_val_score(model, X_train, Y_train, cv=5,
scoring='recall')
    print('召回率：', np.mean(recalls), recalls)

    #混淆矩阵
    predicted = model.predict(X_test)
    matrix = confusion_matrix(Y_test, predicted)
    classes = ['0', '1']
    dataframe =
pd.DataFrame(data=matrix,index=classes,columns=classes)
    print(dataframe)

    #效果评估
    predictions = model.predict_proba(X_test)
    fpr, tpr, thresholds = roc_curve(Y_test, predictions[:,1])
    roc_auc = auc(fpr, tpr)
    plt.plot(fpr, tpr,'b', label='auc=%0.2f' % roc_auc)
    plt.legend(loc ='lower right')
    plt.plot([0, 1],[0,1],'r--')
    plt.xlim([0.0, 1.0])
    plt.ylim([0.0, 1.0])
    plt.xlabel("fpr")
    plt.ylabel("tpr")
    plt.show()
```

各个代码块输出如下：

①数据集

字典键值：

```
dict_keys(['data', 'target', 'target_names', 'DESCR',
'feature_names', 'filename'])
```

数据大小：

```
(569, 30)
```

数据列名（自变量）：

```
['mean radius' 'mean texture' 'mean perimeter' 'mean area'
'mean smoothness' 'mean compactness' 'mean concavity'
'mean concave points' 'mean symmetry' 'mean fractal dimension'
'radius error' 'texture error' 'perimeter error' 'area error'
'smoothness error' 'compactness error' 'concavity error'
'concave points error' 'symmetry error' 'fractal dimension error'
'worst radius' 'worst texture' 'worst perimeter' 'worst area'
'worst smoothness' 'worst compactness' 'worst concavity'
'worst concave points' 'worst symmetry' 'worst fractal dimension']
```

自变量取值：

```
[[1.799e+01 1.038e+01 1.228e+02 ... 2.654e-01 4.601e-01 1.189e-01]
[2.057e+01 1.777e+01 1.329e+02 ... 1.860e-01 2.750e-01 8.902e-02]
[1.969e+01 2.125e+01 1.300e+02 ... 2.430e-01 3.613e-01 8.758e-02]
...
[1.660e+01 2.808e+01 1.083e+02 ... 1.418e-01 2.218e-01 7.820e-02]
[2.060e+01 2.933e+01 1.401e+02 ... 2.650e-01 4.087e-01 1.240e-01]
[7.760e+00 2.454e+01 4.792e+01 ... 0.000e+00 2.871e-01 7.039e-02]]
```

因变量：

```
['malignant' 'benign']
```

因变量取值：

```
[0 0 0 0 0 0 0 0 0 0 0 0 0 0 0 0 0 0 0 1 1 1 0 0 0 0 0 0 0 0
0 0 0 0
1 0 0 0 0 0 0 0 1 0 1 1 1 1 1 0 0 1 0 0 1 1 1 1 0 1 0 0 1 1 1 1
```

```
0 1 0 0
    1 0 1 0 0 1 1 1 0 0 1 0 0 0 1 1 1 0 1 1 0 0 1 1 1 0 0 1 1 1 1 0 1
1 0 1 1
    1 1 1 1 1 0 0 0 1 0 0 1 1 1 0 0 1 0 1 0 0 1 0 0 1 1 0 1 1 0 1 1
1 1 0 1
    1 1 1 1 1 1 1 0 1 1 1 1 0 0 1 0 1 1 0 0 1 1 0 0 1 1 1 1 0 1 1 0
0 0 1 0
    1 0 1 1 1 0 1 1 0 0 1 0 0 0 0 1 0 0 0 1 0 1 0 1 1 0 1 0 0 0 0 1 1
0 0 1 1
    1 0 1 1 1 1 1 0 0 1 1 0 1 1 0 0 1 0 1 1 1 1 0 1 1 1 1 1 0 1 0 0 0
0 0 0 0
    0 0 0 0 0 0 1 1 1 1 1 1 0 1 0 1 1 0 1 1 0 1 0 0 1 1 1 1 1 1 1 1
1 1 1 1
    1 0 1 1 0 1 0 1 1 1 1 1 1 1 1 1 1 1 1 1 0 1 1 0 1 0 1 0 1 1 1 0
0 0 1 1
    1 1 0 1 0 1 0 1 1 1 0 1 1 1 1 1 1 1 0 0 0 1 1 1 1 1 1 1 1 1 1 0
0 1 0 0
    0 1 0 0 1 1 1 1 1 0 1 1 1 1 1 0 1 1 1 0 1 1 0 0 1 1 1 1 1 1 0 1 1
1 1 1 1
    1 0 1 1 1 1 1 0 1 1 0 1 1 1 1 1 1 1 1 1 1 1 1 0 1 0 1 0 0 1 0 1 1 1 1
1 0 1 1
    0 1 0 1 1 0 1 0 1 1 1 1 1 1 1 1 0 0 1 1 1 1 1 1 0 1 1 1 1 1 1 1 1
1 1 0 1
    1 1 1 1 1 0 1 0 1 1 0 1 1 1 1 0 0 1 0 1 0 1 1 1 1 1 0 1 1 0 1
0 1 0 0
    1 1 0 1 1 1 1 1 1 1 1 1 1 1 0 1 0 0 1 1 1 1 1 1 1 1 1 1 1 1 1
1 1 1 1
    1 1 1 1 1 1 1 0 0 0 0 0 0 1]
```

②逻辑回归模型

```
LogisticRegression(C=1.0, class_weight=None, dual=False,
fit_intercept=True,
        intercept_scaling=1, max_iter=100, multi_class='ovr',
        n_jobs=None, penalty='l2', random_state=None,
solver='warn',
        tol=0.0001, verbose=0, warm_start=False)
```

除了默认的参数，还需要解释以下几个参数：

C：正则化系数的倒数，必须为正数，默认为 1。其值越小，代表正则化越强。

class_weight：标注各类别的权重，默认为每个类别都一样，如果设为balanced，则权重与类别出现的频次呈反比。

fit_intercept=True：是否存在截距，默认为存在。

intercept_scaling：浮点数，降低截距项的影响。

max_iter：优化目标函数时的迭代次数，默认为 100。

multi_class='ovr'：分类方式。ovr 不论是几元回归，都被当成二元回归来处理。

n_jobs：如果是单机，则是能使用的 CPU 核数；如果设为-1，则是训练时用到的所有 CPU 核数，能够实现并发操作，提升效率。

random_state：随机种子数。如果为某个正整数，则每次训练的样本相同，便于模型之间的比较；如果为 None，则每次训练的样本可能不同。

solver：各种求解最优化的算法，包括 Iiblinear（线性规划法）、sag（随机平均梯度下降法）。小规模数据用 Iiblinear，大规模数据用 sag。

tol：一个很小的浮点数，用于判断是否停止迭代。如果误差值小于 tol 值，则停止迭代。

verbose：用于控制是否输出训练日志。

warm_start：热启动，用于控制是否使用前一次迭代的结果，如果为"是"，则接着前一次继续训练；如果为"否"，则从头开始。

③准确率、精确率、召回率

准确率：

0.9497784810126584 [0.9375　　0.975　　0.925　　0.93670886
0.97468354]

精确率：

0.9533182503770739 [0.94230769 0.98039216 0.94117647 0.94117647
0.96153846]

召回率：

0.968470588235294 [0.96078431 0.98039216 0.94117647 0.96 1.]

可以看到准确率、精确率、召回率都在 94%以上。

④混淆矩阵

```
     0    1
0   61    6
1    3  101
```

⑤效果评估

效果评估如图 3-8 所示。

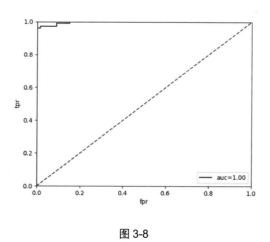

图 3-8

通过图 3-8 所示的混淆矩阵，我们可以看到模型的拟合和泛化能力都是不错的。

第 **4** 章

决策树

4.1 决策树基础

决策树（decision tree）是一种常用的分类与回归机器学习算法。决策树的模型为树形结构，在解决分类问题时，实际上，就是针对输入数据的各个特征对实例进行分类的过程。即通过树形结构的模型，在每一层级上对特征值进行判断，进而到达决策树叶节点，完成分类过程。

决策树的优点：简单高效、可读性强。在学习过程中，只要能将"属性—结论"规则表达式总结出来，用户就能直接使用。

1. 决策树模型

决策树模型是一种对实例进行分类的树形结构（可以是二叉树或非二叉树）。决策树由节点和有向边组成。节点有两种类型，一种是非叶节点（内部节点），另一种是叶节点。内部节点表示一个特征或属性，叶节点表示一个类。分类的过程就是从根节点开始的，对实例的某一特征进行测试，根据结果将实例分配到其子节点。如此递归地将实例进行测试分配，直至到达叶节点（类别）。此时，每一个内部子节点对应着该特征的一个取值。举一个形象的例子：亲戚给我介绍一个相亲对象，我根据相亲对象的特征决定是否见面，其特征有年龄、长相、收入及职业，我的决定是见或不见。决策树如图 4-1 所示。

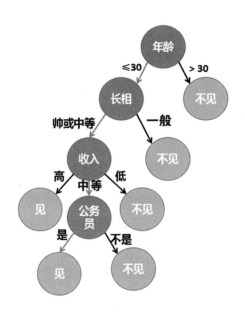

图 4-1

通过图形,我们可以延伸出,决策树是一个 if-then 规则的集合。将其转换成 if-then 规则的过程为:将决策树中由根节点到叶节点的每一条路径构建一条规则;路径的内部节点特征对应着规则条件,而叶节点的类对应着规则的结论。决策树的路径或对应的 if-then 规则集合具有一个重要的性质——互斥。也就是说,每一个实例都被一条路径或规则所覆盖,而且只被一条路径或一条规则所覆盖。这里的覆盖是指实例的特征与路径特征一致或实例满足规则的条件。

总结一下,决策树采用自上向下的方式递归建立模型,致力于从无规则、无秩序的数据中推导出分类规则,最终呈树形结构。每个决策都可能引出两个或多个事件,导致不同的结果。把这种决策分支画成图形,很像一棵树的枝干,故其被称为决策树。同时,决策树每进行一次分裂,都会在节点处进行一次属性值比较,判断下一步的分支走向,直到在叶节点处得到结论。最终形成的决策树就是一个完整模型和表达式规则,一条路径对应一条规则。决策树结构如图 4-2 所示。

图 4-2

2．决策树构建过程

决策树的构建过程为：从经验数据中获取知识，然后进行机器学习，建立模型或者构造分类器。决策树的构建过程是决策树算法的工作重点，我们通常可以将其分为建树和剪枝两个部分。建树就是决策树分类算法建模的主体过程，或者说，建树是主要规则的产生过程。建树也可以被认为是特征选择的过程，它主要通过下文讲到的信息熵来实现。决策树构建流程如图 4-3 所示。

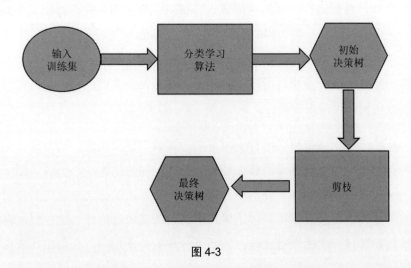

图 4-3

决策树的主体建好后，接下来便是对其剪枝。所谓剪枝，就是在决策树的主体上删除一些不必要的子树，提高树的性能，确保精确度，提高可理解性。同时，在剪枝过程中还要克服训练样本集的数据噪声，尽可能地排除噪声造成的影响。通常的剪枝方法包括两种：一种是预剪枝，另一种是后剪枝。

（1）预剪枝：预剪枝是指在决策树形成的过程中，当某个节点满足剪枝条件时，就停止此子树的构造，并停止决策树的生长，这时采取的办法是为决策树的深度设计一个最大值，如果决策树的深度达到这个值，就会停止决策树的继续生长，从而实现预剪枝效果。若最大深度设计得不合理，则会妨碍决策树的形成，从而使得到的规则过于粗略，进而不能更精准地进行分类。预剪枝的另一种方式是运用检验方式，检验相应节点处对应的样本数量，如果小于预设值，此时停止决策树的生长，把此节点作为叶节点，如果不满足此条件，则决策树会继续生长。预剪枝的标准有两个，一个是基于决策树的深度，另一个是基于节点处的样本梳理。

（2）后剪枝：后剪枝是指在已经生成的决策树上进行剪枝，剪去决策树中特征性较弱的子树，并用一个叶节点代替，同时降低决策树的深度。后剪枝是一个边修剪边检验的过程，在修剪过程中，测试数据的来源可以是样本数据，也可以是新数据。判断是否剪去子树的依据是在计算得到子树对应错误率的前提下，若剪去此子树会降低决策树预测分类的正确率，则保留该子树，反之则把该子树剪去。一般而言，后剪枝的计算量比预剪枝的计算量要大，生成的决策树更加可靠。

4.2　决策树算法

下面介绍几种比较经典且常见的决策树算法，分别是 ID3 算法、C4.5 算法及 CART 算法。

1．ID3 算法

ID3 算法是最早在国际上产生影响的决策树分类算法，是绝大多数决策树算法的基础。该算法的核心为"信息熵"。ID3 算法的基本思想为：通过分析属性的信息增益，找到最有判断能力的划分属性，将样例集划分为多个子集，再将每个子集按照类似的方式进行递归划分，最终得到一棵决策树。

（1）信息熵

信息泛指人类社会中传播的一切内容，如音讯、消息、通信系统传输和处理的对象。信息这个概念本身比较抽象，它可以被量化吗？如果可以，该怎样量化？答案当然是可以的，量化的方式就是通过"信息熵"。1948 年，香农（Shannon）在他著名的《通信的数学原理》论文中指出："信息是用来消除随机不确定性的东西的"，并提出了"信息熵"的概念（借用了热力学中熵的概念），用来解决信息的度量问题。如图 4-4 所示为克劳德·艾尔伍德·香农。

图 4-4　（图片出自百度百科）

　　信息熵是消除不确定性所需信息量的度量，即未知事件可能含有的信息量。一个事件或一个系统，准确地说是一个随机变量，它有着一定的不确定性。这个随机变量的不确定性很高，要消除这个不确定性，就需要引入很多的信息，这些信息的度量就用"信息熵"来表示。需要引入消除不确定性的信息量越多，信息熵越高，反之，信息熵越低。

　　熵是衡量数据集突发性、不确定性或随机性程度的度量。我们给定概率为：

$$p_1, p_2, \cdots, p_s$$

其中，$\sum_{i=1}^{s} p_i = 1$，则熵的定义为：

$$H(p_1, p_2, \cdots, p_s) = -\sum_{i=1}^{s} p_i \log_2 p_i$$

　　对训练集 D 来说，类别 C 是分类变量，它的取值是 $C_1, C_2, \cdots, C_n$，而每一个类别出现的概率分别为：

$$P(C_1), P(C_2), \cdots, P(C_n)$$

这里的 n 就是类别的总数，此时，分类的熵就可以表示为：

$$H(C) = -\sum_{i=1}^{s} P(C_i) \log_2 P(C_i)$$

信息熵的意思是：一个变量的变化情况越多，那么它携带的信息量就越大。

（2）信息增益

信息增益是针对一个特征而言的，就是给定一个特征 T ，计算系统有它和没有它时的信息量各是多少，两者的差值就是这个特征给系统带来的信息量，即信息增益。为了充分理解信息增益，下面介绍一个天气预报的例子。如图 4-5 所示为天气预报数据表，分类目标是 Play。

Outlook	Temperature	Humidity	Windy	Play?
sunny	hot	high	false	no
sunny	hot	high	true	no
overcast	hot	high	false	yes
rainy	mild	high	false	yes
rainy	cool	normal	false	yes
rainy	cool	normal	true	no
overcast	cool	normal	true	yes
sunny	mild	high	false	no
sunny	cool	normal	false	yes
rainy	mild	normal	false	yes
sunny	mild	normal	true	yes
overcast	mild	high	true	yes
overcast	hot	normal	false	yes
rainy	mild	high	true	no

图 4-5

通过图 4-5 可以看出，一共有 **14** 个样例，包括 **9** 个正例（yes）和 **5** 个负例（no）。那么，当前信息的熵计算如下：

$$H(\text{play}) = -\frac{9}{14} \times \log_2 \frac{9}{14} - \frac{5}{14} \times \log_2 \frac{5}{14} = 0.94$$

在决策树分类问题中，信息增益就是决策树在进行属性选择划分前和划分后信息的差值。假设利用属性 **outlook** 来分类，如图 4-6 所示。

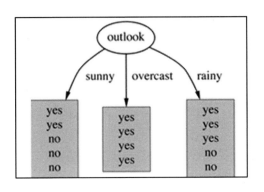

图 4-6

划分后，数据被分为三部分，那么，各个部分的信息熵计算如下：

$$H\left(\text{outlook}_{\text{sunny}}\right) = -\frac{2}{5} \times \log_2 \frac{2}{5} - \frac{3}{5} \times \log_2 \frac{3}{5} = 0.97$$

$$H\left(\text{outlook}_{\text{overcast}}\right) = -\frac{4}{4} \times \log_2 \frac{4}{4} - 0 \times \log_2 0 = 0$$

$$H\left(\text{outlook}_{\text{rainy}}\right) = -\frac{3}{5} \times \log_2 \frac{3}{5} - \frac{2}{5} \times \log_2 \frac{2}{5} = 0.97$$

划分后的信息熵为：$H\left(\text{play}|\text{outlook}\right) = \frac{5}{14} \times 0.97 + \frac{4}{14} \times 0 + \frac{5}{14} \times 0.97 = 0.69$。其中，$H\left(\text{play}|\text{outlook}\right)$ 表示在特征属性 T 的（此例中的 outlook）条件下样本的条件熵（类似于条件概率）。那么，根据信息增益定义，最终得到特征属性 T 带来的信息增益为：

$$\text{IG}(T) = H(C) - H(C|T)$$
$$\Rightarrow \text{IG}(T) = H\left(\text{play}\right) - H(\text{play}|\text{out})$$
$$= 0.94 - 0.69 = 0.25$$

信息增益是特征选择中的一个重要指标。在划分决策树的每一个非叶节点之前，先计算每一个属性所带来的信息增益，要选择最大信息增益的属性来划分。因为信息增益越大，区分样本的能力就越强，越具有代表性。

（3）ID3 算法思想及流程

ID3 算法的核心是在决策树各个节点上应用信息增益准则选择特征，递归地构建决策树。具体方法是：从根节点开始，针对节点计算所有可能的特征的信息增益，选择信息增益最大的特征作为节点的特征，由该特征的不同取值构建叶节点；再对叶节点递归地调用以上方法，构建决策树，直到所有特征的信息增益均很小或没有特征可以选择为止。ID3 算法其实是运用信息增益最大化的思想进行构建决策树。如图 4-7 所示，ID3 算法流程如下。

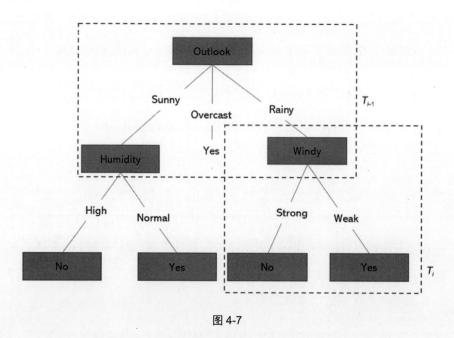

图 4-7

输入：训练集 D ，特征集 A ，目标类别 B ，阈值 ε 。

输出：决策树 T 。

① 若 D 中所有实例属于同一类 C_k，则 T 为单节点树，并将 C_k 作为该节点的类标记，返回 T。

② 按照计算信息增益的方法计算 A 中各特征对 B 的信息增益。选择信息增益最大的特征 A_g。

③ 如果 A_g 的信息增益小于阈值 ε，则 T 为单节点树。并将 D 中实例最大的类 C_k 作为该节点的类标记，返回 T。

④ 否则，对 A_g 的每一个可能的值 a_i，按照 $A_g = a_i$，将 D 分割为若干非空子集 D_i。将 D_i 中实例数最大的类作为标记，构建叶节点，由节点及其叶节点构成树 T。返回 T。

⑤ 对于 i 个叶节点，以 D_i 为训练集，以 $A - A_g$ 为特征集，递归调用①~④步，得到子树 T_i。返回 T_i。注意，最终生成的是一棵树 T。也就是说，树 T_i 是在 T_{i-1} 上生成的。

ID3 决策树满足以下一个条件即停止生长：

- 节点达到完全纯性（无法再分）；
- 树的深度达到客户指定的深度；
- 节点中样本的个数少于客户指定的个数；
- 信息增益小于客户指定的幅度。

ID3 算法的优缺点总结：优点是理论清晰、通俗易懂、运行速度快；缺点是不能处理连续属性的自变量、属性选择并不总能选择出最优属性、遇到属性缺失的情况无能为力等。

2. C4.5 算法

上文中提到的 ID3 算法并不总能选择出最优属性。回顾一下信息增益准则，信息增益准则对于那些属性取值比较多的属性有所偏好。也就是说，

采用信息增益作为判定方法时，会倾向于选择属性取值比较多的属性。举一个比较极端的例子，如果将身份证号作为一个属性，那么每个人的身份证号都是不同的。也就是说，有多少个人，就有多少种取值。如果用身份证号这个属性去划分原数据集，那么，原数据集中有多少个样本，就会被划分为多少个子集，每个子集只有一个人。在这种极端情况下，因为一个人只可能属于一种类别，那么，此时每个子集的信息熵就是 0 了，即此时每个子集都特别纯。这样会导致信息增益公式 $IG(T) = H(C) - H(C|T)$ 的第二项 $H(C|T)$ 整体为 0。使用信息增益计算出来的值特别大，决策树会用身份证号这个属性来划分原数据集，其实这种划分毫无意义。

（1）信息增益率

为了改变这种因不良偏好带来的不利影响，C4.5 算法提出了采用信息增益率作为评判划分属性的方法。C4.5 算法的改进侧重点在于：利用信息增益率作为判断能力度量，解决 ID3 算法无法总是选择最优属性，可能出现过拟合的问题。信息增益率体现的是一种相对性，是平均信息增益量，而不是绝对信息增益量。所谓信息增益率，是用增益度量 $IG(T)$ 和分裂信息度量 $SplitInfo_T(D)$ 共同定义的，信息增益率公式如下：

$$IGP(T) = {IG(T)}\Big/{SplitInfo_T(D)}$$

其中，分裂信息度量公式为 $SplitInfo_T(D) = -\sum_{i=1}^{s} P(T_i)\log_2 P(T_i)$，它与 $H(C) = -\sum_{i=1}^{s} P(C_i)\log_2 P(C_i)$ 是不是很像？分裂信息用来衡量属性分裂数据的广度和均匀度。

使用信息增益率能解决问题，但产生了一个新的问题：既然是比率，就不能避免出现分母为 0 或者非常小的情况。为了避免出现这种情况，我们可以这样计算信息增益率以解决问题：计算所有属性的信息增益，忽略结果低于平均值的属性，仅对高于平均值的属性进一步计算其信息增益率，从中择优选取分裂属性。

（2）C4.5 算法对 ID3 算法的优化

缺失值问题：ID3 算法在遇到属性缺失的情况时无能为力。而 C4.5 算法会针对不一样的情况，采取不一样的解决方法。

- 若对于某一属性 X，在计算信息增益或者增益率的过程中，出现某些样本没有属性 X 的情况，则处理方式如下：

  一是直接忽略这些样本；

  二是根据缺失样本占总样本的比例，对属性 X 的增益或增益率进行相应"打折"；

  三是将属性 X 的一个均值或者最常见的值赋给这些缺失样本。

- 若属性 X 已被选为分裂属性，在分支过程中出现样本缺失属性 X 的情况，则处理方式如下：

  一是直接忽略这些样本；

  二是用一个出现频率最高的值或者均值赋给这些缺失样本属性 X；

  三是直接将这些缺失样本依据规定的比例分配到所有子集中；

  四是将所有缺失样本归为一类，全部划分到一个子集中；

  五是总结分析其他样本，相应地分配一个值给缺失样本。

- 若某个样本缺失了属性 X，又未被分配到子集中，则处理方式如下：

  一是若存在单独的缺失分支，则直接分配到该分支；

  二是将其直接赋予一个最常见的属性 X 的值，然后进行正常划分；

  三是综合分析属性 X 已存在的所有分支，按照一定的概率将其直接分到其中某一分支；

  四是根据其他属性来进行分支处理。

离散化问题：针对 ID3 算法不能处理连续属性的缺陷，C4.5 算法的思路是将连续属性离散化，过程如下：寻找该连续属性的最小值，把它赋值给 min；寻找该连续属性的最大值，把它赋值给 max；设置区间 $[\text{min}, \text{max}]$ 中的 N 个等分断点 A_i：

$$A_i = \text{min} + \frac{i \times (\text{max} - \text{min})}{N}, \quad i = 1, 2, \cdots, N$$

将区间划分为两个子区间 $[\text{min}, A_i]$ 和 $[A_i, \text{max}]$，$i = 1$，将落入这两个区间内的值分别赋值 0 和 1，然后计算属性的信息增益率。接着，分别计算 $i = 1, 2, \cdots, N$ 时得到的增益率；选取增益率最大的 A_k 作为该连续属性的断点（分裂点），把属性设置为 $[\text{min}, A_k]$ 和 $[A_k, \text{max}]$ 两个区间的值，进而实现对属性的离散化。

（3）C4.5 算法流程

输入：训练集 D，特征集 A，目标类别 B，阈值 ε。

输出：决策树 T。

- 若 D 中所有实例属于同一类 C_k，则 T 为单节点树，并将 C_k 作为该节点的类标记，返回 T。
- 如果 A 中特征 A_h 为连续性，则对该特征进行离散化处理。
- 按照计算信息增益率的方法计算 A 中各特征对 B 的信息增益率。选择信息增益率最大的特征 A_g。
- 如果 A_g 的信息增益小于阈值 ε，则 T 为单节点树，并将 D 中实例最大的类 C_k 作为该节点的类标记，返回 T。
- 否则，对 A_g 的每一个可能的值 a_i，按照 $A_g = a_i$，将 D 分割为若干非空子集 D_i，将 D_i 中实例数最大的类作为标记，构建叶节点，由节点及其叶节点构成树 T，返回 T。
- 对 i 个叶节点，以 D_i 为训练集，以 $A - A_g$ 为特征集，递归调用①~④步，得到子树 T_i，返回 T_i。注意，最终生成的是一棵树 T。也就是说，树 T_i 是在 T_{i-1} 上生成的。

C4.5 算法虽说突破了 ID3 算法在很多方面的瓶颈,产生的分类规则的准确率也比较高,而且易于理解,但在核心思想上还保持着"信息熵"的范畴内,最终仍生成多叉树。同时,其缺点也较为明显:在构建决策树时,训练集要进行多次排序和扫描,所以效率不高。此外,C4.5 算法只能处理驻留于内存的数据集,若训练集过大,当超过内存容量时,C4.5 算法便无能为力。

3. CART 算法

分类回归树(CART,Classification And Regression Tree)算法既可以用来构建分类树,也可以用来构建回归树。在构建分类树的过程中,CART 算法挑选具有最小基尼系数值的属性作为节点分裂的依据;在构建回归树的过程中,CART 采用样本的最小方差作为节点分割的依据。另外,CART 算法的分割方法运用的是二分递归,这种方法能把样本数据分割成两个样本子集,从而保证形成的回归树的所有分支都只有两个,所以也叫作二叉树。这样可以简化回归树的规模,提高生成效率。CART 算法在处理连续属性时采取和 C4.5 算法相似的方法。

分类树的作用是通过一个对象的特征来预测该对象所属的类别;而回归树的作用是根据一个对象的信息预测该对象的属性,并以数值表示。CART 既能是分类树,又能是回归树。如果我们想预测一个人是否已婚,那么构建的 CART 将是分类树;如果我们想预测一个人的年龄,那么构建的将是回归树。针对回归树,预测客户的年龄是一个具体的输出值。在一般情况下,使用平均值表示。

(1)基尼系数

CART 算法使用基尼系数来代替信息增益比,适用于目标变量是离散值的情况。基尼系数代表了模型的纯度,基尼系数越小,模型的纯度越高,特征越好,就越容易从样本中分离出来。在分类问题中,假设有 k 个类,

样本属于第 i 类的概率为 p_i，则概率分布的基尼系数定义为：

$$\text{Gini}(p) = \sum_{i=1}^{k} p_i \left(1 - p_i\right) = 1 - \sum_{i=1}^{k} p_i{}^2$$

对于二分类问题，若样本点属于第 1 个类的概率为 p，则概率分布的基尼系数（基尼指数）为：

$$\text{Gini}(p) = 2p(1 - p)$$

那么，对于给定的样本集合 D，其基尼系数为：

$$\text{Gini}(D) = 1 - \sum_{i}^{k} \left(\frac{|C_i|}{|D|} \right)^2$$

其中，C_i 为 D 中属于第 i 类的样本子集，$|C_i|$ 是子集 C_i 中样本的数量，k 是类的个数。

如果样本集合 D 根据特征 A 的某个取值 a 被分割成 D_1 和 D_2 两部分，则在此条件下，集合 D 的基尼系数表达式为：

$$\text{Gini}(D) = \frac{|D_1|}{D} \text{Gini}(D_1) + \frac{|D_2|}{D} \text{Gini}(D_2)$$

通过比较基尼系数和熵模型的表达式，可以发现二次运算比对数运算简单得多，尤其是二分类问题，更加简单。

（2）最小二乘回归树

CART 算法适用于目标变量是连续值的情况，这里使用平方误差最小的准则构建最小二乘回归树。

X 与 Y 分别为输入和输出变量，并且 Y 是连续变量，给定训练数据集：

$$D = \left\{ (x_1, y_1), (x_2, y_2), \cdots, (x_n, y_n) \right\}$$

假设已将输入空间（特征空间）分为 M 个单元 $R_1, R_2, \cdots, R_M$，并且在每个单元 R_m 上有输出值 c_m（固定值，之所以说其是固定值，是因为 c_m 的估计是对应 y_i 的均值）。于是回归树模型可表示为：

$$f(x) = \sum_{m=1}^{M} c_m \left(x \in R_m \right)$$

我们可以用平方误差 $\sum_{x \in R_m} \left(y_i - f(x_i) \right)^2$ 表示回归树对于训练数据的预测误差，用平方误差最小的准则求每个单元中的最优输出值。单元 R_m 中的最优值 $\hat{c}_m$ 是 R_m 中所有输入实例 x_i 对应的输出 y_i 的均值，即：

$$\hat{c}_m = \text{ave}\left(y_i \big| x_i \in R_m \right) = \frac{1}{N_m} \sum_{x \in R_m(j,x)} y_i$$

其中，N_m 为落在切分空间 R_m 中的所有样本数目，$R_m(j,s)$ 表示切分变量 $x^{(j)}$（即输入变量的第 j 维特征）和切分点 s 对应的切分后的单元空间。到这里就解决了**假设切分空间确定后，每个空间所代表的值的问题**。

我们只要找到切分变量 $x^{(j)}$ 和对应的切分点 s，然后针对切分后的子空间递归进行切分，直到满足建树停止条件即可。这里定义了切分后的两个区域：

$$R_1(j,s) = \left(x \big| x^{(j)} \leqslant s \right) \text{ 和 } R_2(j,s) = \left(x \big| x^{(j)} > s \right)$$

然后寻找最优切分变量和最优切分点，具体求解为：

$$\min\left[\min_{c_1} \sum_{x_i \in R_1(k,s)} \left(y_i - c_1 \right)^2 + \min_{c_2} \sum_{x_i \in R_2(k,s)} \left(y_i - c_2 \right)^2 \right]$$

即选取输入变量 x 的第 j 维，并扫描切分点 s。当切分的两个子单元的方差之和最小时，则为第 j 维的最优切分点。遍历并找到符合上式的 j 和 s，将其切分为两个子单元，再对子单元进行递归切分，直到满足停止条件即可。这样就生成了一棵最小二乘回归树。

CART 算法的流程与 C4.5 算法基本一致，只是其用基尼系数或最小二乘准则对信息增益率进行替换。

3. 决策树的剪枝策略

在构建决策树的过程中，非常容易出现过拟合现象。也就是说，这棵决策树对于训练集是完全拟合的，但对于测试集则是预测准确率下降的，泛化能力不足。因此，我们要剪掉一些枝叶，使得决策树的泛化能力更强。对构建的决策树进行剪枝优化是解决过拟合问题的主要方法，其目的在于在不降低预测准确率的前提下，对原始决策树进行剪枝优化，从而增强决策树的泛化能力，避免对于训练数据集过拟合。剪枝就是移除那些包含实例个数过少或者分类效果不明显的子树或者子节点。剪枝是一种克服噪声的技术，同时它也能使决策树得到简化而变得更容易让人理解。根据剪枝所出现的时间点不同，剪枝分为预剪枝和后剪枝。

预剪枝是通过制定某种策略，在决策树完全分割训练集之前，及时停止决策树生长。后剪枝与预剪枝的尽量避免过度分割的思想不同，它是先让决策树充分生长，然后制定某种策略剪掉原始决策树中不具备代表性的分支。由于后剪枝基于决策树的全局信息，因此，其通常优于预剪枝，在实际工作中更为常用。

（1）预剪枝

以下是几种常见的预剪枝方法。

- 在决策树到达一定深度的情况下就停止决策树的生长，这种停止标准在一定情况下能取得比较好的效果。
- 当到达某节点的实例个数小于某一个阈值时，也可停止决策树的生长，其不足之处是，不能处理那些数量较小的特殊实例。

事实上，预剪枝只是修改了决策树算法中的停止阈值，抑制了决策树的进一步生长。以 ID3 算法为例，我们预先定义一个阈值来控制分割停止节点。当某一个训练子集的熵小于这一阈值时，算法就不再对该子集进行分割，而将其作为决策树的一个叶节点。由此可见，停止阈值的设置是决定决策树预剪枝是否有效的关键。如果停止阈值取值较大，那么训练集在熵较高的情况下就停止分割了，由此导致决策树的深度较小，生长不充分，在将来的分类过程中正确率过低。相反，当停止阈值取值接近 0 时，预剪枝算法没有起到剪枝的作用，使得带有预剪枝算法的决策树学习算法基本等价于原始决策树学习算法。综上所述，预剪枝是一种简单的约束策略，容易被集成到决策树学习算法中。但是由于该方法选取停止阈值的主观性较强，所以要准确地给出一个合理的停止阈值所需的代价较大。

（2）后剪枝

CCP（代价复杂度）是著名的 CART 算法。它包含两个步骤：步骤 1 是通过对原始决策树的修剪得到一系列的决策树 $\{T_0, T_1, \cdots, T_k\}$，其中，$T_{i+1}$ 是由 T_i 中的一个或多个子树被替换所得到的（$1 \leqslant i < k$），T_0 是未经任何修剪的原始树，T_k 是只有一个节点的决策树；步骤 2 是评价这些决策树，根据真实误差率来选择一棵最佳决策树作为剪枝后的决策树。

在步骤 1 中，生成子树序列 $\{T_0, T_1, \cdots, T_k\}$ 的基本思想为：从 T_0 开始，裁剪 T_i 中关于训练集误差增加最小的子树来得到 T_{i+1}。实际上，当在节点 t 处剪枝时，它的误差增加被认为是 $C(t) - C(T_t)$。其中，$C(t)$ 为在节点 t 的子树被修剪后节点 t 的预测误差。$C(T_t)$ 则是在节点 t 的子树没被修剪时的子树 T_t 的预测误差。然而剪枝后，T_t 的叶子减少了 $|L(T_t)| - 1$，其中，$|L(T_t)|$ 为子树 T_t 的叶子数。也就是说，T 的复杂性减少了。因此，通过考虑决策树的复杂性因素，被剪裁后误差增加率由下式决定：

$$\alpha = \frac{C(t) - C(T_t)}{|L(T_t)| - 1}$$

T_{i+1} 就是选择 T_i 中最小的 α 值对应的剪枝树。

在步骤 2 中，从子树序列 $\{T_0,T_1,\cdots,T_k\}$ 中根据真实的误差估计选择最佳决策树。这里用 K 折交叉验证法（K 的取值一般是 10）对剪枝后的多棵决策树的性能进行评估，决策树性能的好坏通过分类准确率来体现，如图 4-8 所示。

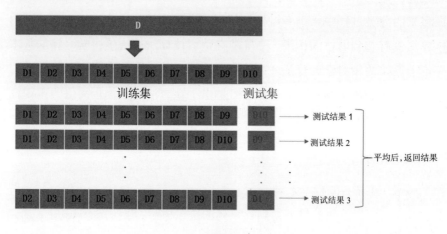

图 4-8

具体步骤如下所示。

- 将数据集平均分为 K 个不相交的子样本；
- 将其中的 $K-1$ 个子样本作为训练集；
- 将剩下的 1 个子样本作为测试集；
- 反复运行 K 次（保证每一个子样本都能作为测试集运行一次）；
- 取 K 次结果（即分类准确率的平均值）作为最终的结果，将 K 棵决策树进行比较，得到最佳的一棵决策树。

4．决策树比较

综上所述，我们可以归纳出 ID3、C4.5、CART 这 3 种算法的各自特点及优缺点。其中，算法的特点比较如表 4-1 所示，算法的优缺点比较如表 4-2 所示。

表 4-1

算　　法	ID3 算法	C4.5 算法	CART 算法
决策树结构	多叉树	多叉树	二叉树
选择属性技术	信息增益	信息增益率	基尼系数/最小二乘准则
处理连续属性的能力	弱	强	强

表 4-2

算　　法	优　　点	缺　　点
ID3	具有较好的学习能力，分类速度较快； 准确率较高，形成的规则容易理解	偏好挑选属性值个数多的属性，但这种属性往往不是最好的属性； 生成的决策树的各属性间关联性较弱； 对连续属性处理困难
C4.5	准确率较高，形成的规则容易理解； 挑选属性的依据采用信息增益率，避免了 ID3 算法挑选属性的缺点； 能够对连续属性离散化有较好处理	在决策树形成过程中要对数据进行多次排序，算法效率不太突出
CART	抽取规则简单且容易理解； 在处理变量数目多和存在缺省值时表现较好	每个属性只能形成两个分支；当类别数目较多时，错误率上升较高

4.3 Python 代码实现

这里选取的数据集为鸢尾植物，这是一个非常著名的数据集，其中共有 150 朵鸢尾花，分别来自 3 个不同品种：山鸢尾花（Setosa）、杂色鸢尾花和弗吉尼亚鸢尾花（Virginica），每一种鸢尾花收集了 50 条样本记录。同时，数据集包括 4 个属性，分别为花萼（sepal）的长、花萼的宽、花瓣（petal）的长和花瓣的宽，如图 4-9 所示。4 个属性的单位都是 cm，属于数值变量，4 个属性均不存在缺失值的情况。我们的目标是通过鸢尾花的 4 个属性特征对鸢尾花的种类进行识别。

图 4-9

```
#导入相应的库
from sklearn import datasets
import pandas as pd
import numpy as np
import matplotlib.pyplot as plt
from sklearn import tree
from sklearn.model_selection import train_test_split
```

```
import graphviz  #画决策树图
from sklearn.model_selection import GridSearchCV  #网格搜索算法

#提取鸢尾花数据集
iris_data=datasets.load_iris()  #sklearn 库自带此数据集
print("字典键值"+ "\n" ,iris_data.keys())#iris 变量为字典类型，查看字典
对象的键值
print("因变量取值"+ "\n" ,iris_data.target)  #查看因变量取值
print ("因变量对应的值"+ "\n" ,iris_data.target_names) #查看因变量对应
的值
print ("数据大小"+ "\n" ,iris_data.data.shape) #查看数据大小
print ("数据列名(自变量)"+ "\n" ,iris_data.feature_names)#查看数据列名

# 拆分测试集 Y 与训练集
X = iris_data.data
Y = iris_data.target
X_train, X_test, Y_train, Y_test = train_test_split(X, Y,
test_size=0.3, random_state=1111)

#建立 CART 决策树模型
tree_cart = tree.DecisionTreeClassifier()
tree_cart = tree_cart.fit(X_train, Y_train)
#模型预测的准确率
score = tree_cart.score(X_test, Y_test) #返回预测的准确率
Score

#对决策树进行图形输出
dot_data = tree.export_graphviz(tree_cart,feature_names=
iris_data.feature_names,class_names=iris_data.target_names,filled=Tru
e,rounded=True)
graph = graphviz.Source(dot_data)
graph

#查看特征的重要性
tree_cart.feature_importances_
[*zip(iris_data.feature_names,tree_cart.feature_importances_)]

#剪枝
decision_tree_classifier = tree.DecisionTreeClassifier()
parameter_grid = {'max_depth':range(1,6),
              'max_features':[1,2,3,4]}
#将不同参数带入
```

```
    gridsearch = GridSearchCV(decision_tree_classifier,
                        param_grid = parameter_grid,cv = 10)
    gridsearch.fit(X_train,Y_train)

    #得分最高的参数值，并构建最佳的决策树
    best_param = gridsearch.best_params_
    best_param
    best_decision_tree_classifier =
tree.DecisionTreeClassifier(max_depth=best_param['max_depth'],

max_features=best_param['max_features'])
    tree_cart_best = best_decision_tree_classifier.fit(X_train,
Y_train)

    #对决策树进行图形输出
    dot_data = tree.export_graphviz(tree_cart_best,
                        feature_names= iris_data.feature_names,

class_names=iris_data.target_names,filled=True,
                        rounded=True)
    graph = graphviz.Source(dot_data)
    graph
    score = tree_cart_best.score(X_test, Y_test)  #返回预测的准确率
    print('剪枝后决策树预测的准确率:',score)
```

各个代码块输入如下：

- 鸢尾花数据集

字典键值
```
    dict_keys(['data', 'target', 'target_names', 'DESCR',
'feature_names', 'filename'])
```
因变量取值
```
    [0 0 0 0 0 0 0 0 0 0 0 0 0 0 0 0 0 0 0 0 0 0 0 0 0 0 0 0 0 0 0 0 0 0
0 0 0 0
    0 0 0 0 0 0 0 0 0 0 0 0 1 1 1 1 1 1 1 1 1 1 1 1 1 1 1 1 1 1 1 1 1 1
1 1 1 1
    1 1 1 1 1 1 1 1 1 1 1 1 1 1 1 1 1 1 1 1 1 1 1 1 2 2 2 2 2 2 2
2 2 2 2
    2 2 2 2 2 2 2 2 2 2 2 2 2 2 2 2 2 2 2 2 2 2 2 2 2 2 2 2 2 2 2 2
2 2 2 2
    2 2]
```

因变量对应的值

['setosa' 'versicolor' 'virginica']

数据大小

(150, 4)

数据列名(自变量)

['sepal length (cm)', 'sepal width (cm)', 'petal length (cm)', 'petal width (cm)']

- 初始决策树评分

0.9555

- 初始决策树可视化（见图 4-10）

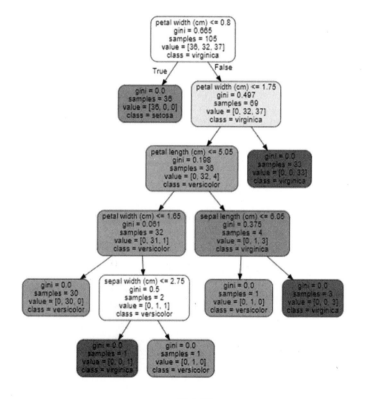

图 4-10

- 查看特征的重要性

```
feature              importances
0    sepal length (cm)    0.034888
1    sepal width (cm)     0.014313
2    petal length (cm)    0.561376
3    petal width (cm)     0.389424
```

- 剪枝后的决策树可视化与评分（见图 4-11）

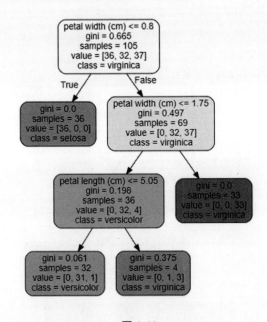

图 4-11

剪枝后决策树的准确率为：0.9555555555555556。

通过代码实现，我们得到了最终的决策树模型及规则（输出图形）。因为模型预测的准确率已经很高了，所以没有得到提升，但我们从输出的图形可以看到，模型的复杂度降低了。下面对模型及剪枝部分的各个参数进行介绍。

（1）决策树模型

scikit-learn 的决策树类型来源于 sklearn.tree，主要分为分类决策树

（Decision Tree Classifier）和回归决策树（Decision Tree Regressor）。

DecisionTreeClassifier()中的参数如下：

criterion：表示选择特征的标准，包括 gini（默认）或者 entropy，前者是基尼系数，后者是信息熵。

splitter：表示在构造决策树时，选择节点的原则，包括 best（默认）和 random，best 适合样本量不大的时候，如果样本数据量非常大，则推荐使用 random。

max_features：表示最大特征数量，默认为 None（所有）。

max_depth：表示树的最大深度，常用取值为 10～100。

min_samples_split：节点的最小样本数。

min_samples_leaf：叶节点的最小样本数。

max_leaf_nodes：最大叶节点数，默认为 None。

class_weight：指定样本各类别的权重，主要为了防止训练集中某些类别的样本过多，导致训练的决策树过于偏向这些类别。如果设置为"balanced"，则算法会自己计算权重，样本量少的类别所对应的样本权重会高。如果设置为 0，则表示所有样本的权重一样。

presort：是否要提前排序数据，从而加速寻找最优分割点的过程（如果为 True，则会减慢训练过程）。

DecisionTreeRegressor()中的大部分参数与 DecisionTreeClassifier()的一样，其中不同的有：

criterion：表示选择特征的标准，包括 mse（默认）和 mae，前者是均方差，后者是与均值之差的绝对值之和。

class_weight：不适用于回归树。

（2）决策树可视化

要提前安装及配置 graphviz，同时在 cmd 界面中输入"conda install python-graphviz"命令来安装 graphviz。

（3）决策树剪枝

这里运用了网格搜索（GridSearchCV）算法，它其实可以被拆分为两部分：GridSearch 和 CV，即网格搜索和交叉验证。网格搜索是指搜索参数，即在指定的参数范围内，按步长依次调整参数，利用调整的参数训练分类器，从所有的参数中找到在验证集上精度最高的参数。这其实是一个训练和比较的过程。网格搜索就是自动调参，只要把参数输进去，就能给出最优化的结果和参数。但网格搜索要求遍历所有可能参数的组合，在面对大数据集和多参数的情况时，非常耗时。所以网格搜索适用于只有三四个（或者更少）的超参数。

GridSearchCV(estimator,param_grid,scoring,n_jobs=1,iid=True,refit=True, cv)主要包括以下参数：

estimator：选择使用的分类器（当前是决策树分类器）。

param_grid：需要最先优化的参数的取值，值为字典或者列表。

scoring：模型评价标准，包括 None（默认，误差估计函数）和 roc_auc。

n_jobs：并行计算个数，1 为默认值，−1 表示与 CPU 核数一致。

iid：fold 概率分布情况，默认为 True，表示各个样本 fold 概率分布一致。

refit：默认为 True，程序将会用交叉验证训练集得到最佳参数。

cv：交叉验证参数，默认为 None，使用三折交叉验证。

GridSearchCV 进行预测的常用方法如下。

grid.fit()：运行网格搜索。

grid_scores_：给出不同参数情况下的评价结果。

best_params_：描述了已取得最佳结果的参数的组合。

best_score_：提供优化过程期间观察到的最好的评分。

第 **5** 章

朴素贝叶斯

5.1 概率论基础

1. 条件概率和乘法定理

在样本空间 S 中，设 A、B 是两个随机事件，在事件 A 发生的条件下，事件 B 发的概率被称为事件 B 在给定 A 的情况下的条件概率。

设 A 和 B 是两个事件，并且 $P(A) > 0$，$P(B|A)$ 被称为在事件 A 发生的条件下事件 B 发生的概率，则有：

$$P(B|A) = \frac{P(A \cdot B)}{P(A)}$$

其中，$P(A \cdot B)$ 表示 A 和 B 同时发生的概率。

如果你还是不能理解上述概念，先来看一个例子吧：在 100 个螺丝钉中有 80 个合格螺丝钉和 20 个不合格螺丝钉，其中甲生产的 60 个螺丝钉中有 50 个合格螺丝钉，10 个不合格螺丝钉；余下的 40 个螺丝钉均由乙生产，有 30 个合格螺丝钉，10 个不合格螺丝钉，如图 5-1 所示。问：现在从该批螺丝钉中任取一个，已知取到的是合格螺丝钉，求该螺丝钉恰好由甲生产的概率？你可以想一会儿再继续往下看。

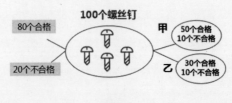

图 5-1

问题分析如下：取到的螺丝钉符合两个特征，第一是合格的，第二是由甲生产的。首先是合格的，也就是说，合格是前提条件，然后才是由甲生产的。

这里衍生出了两个事件：

$$A = \{任取一个螺丝钉，该螺丝钉恰好为合格螺丝钉\}$$
$$B = \{任取一个螺丝钉，该螺丝钉恰好是由甲生产的\}$$

那么，根据我们的分析有：

$$P(A) = \frac{80}{100}, \quad P(AB) = \frac{50}{100}, \quad P(B|A) = \frac{P(AB)}{P(A)} = \frac{50}{100} \times \frac{100}{80} = \frac{5}{8}$$

所以，从该批螺丝钉中任取一个，已知取到的是合格螺丝钉，该螺丝钉恰好是由甲生产的概率为 5/8。

可由条件概率得到：

$$P(A \cdot B) = P(B|A) \cdot P(A) = P(A|B) \cdot P(B)$$

2. 全概率公式和贝叶斯公式

（1）全概率公式

在样本空间 S 中，A 为随机事件，$B_1, B_2, \cdots, B_n$ 为 S 的一个划分。$B_1, B_2, \cdots, B_n$ 两两互斥，即 $B_i \cap B_j = \Phi$，$i \neq j$，并且 $P(B_i) > 0$，$i = 1, 2, \cdots, n$；同时 $B_1 \cup B_2 \cup \cdots \cup B_n = S$。则全概率公式为：

$$P(A) = P(A|B_1)P(B_1) + P(A|B_2)P(B_2) + \cdots + P(A|B_n)P(B_n)$$
$$= \sum_{i=1}^{n} P(A|B_i)P(B_i)$$

对于全概率公式，我们可以理解为 $B_1, B_2, \cdots, B_n$ 是如图 5-2 所示的这种分法。把在所有划分方法下发生 A 的概率相加就可以得到事件 A 的概率。如果把 $B_1, B_2, \cdots, B_n$ 作为"条件"，那么，事件 A 就是"结果"。每个"条件"都可能引起"结果"事件 A 的发生，因此，事件 A 发生的概率是由各个"条件"引起 A 发生的概率总和。

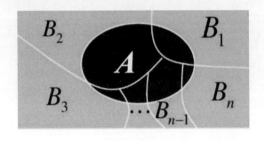

图 5-2

（2）贝叶斯公式

由条件概率的定义和全概率公式可得贝叶斯定理。设 $B_1, B_2, \cdots, B_n$ 为 S 的一个划分，则对任一事件 $A(P(A) > 0)$ 有：

$$P(B_i|A) = \frac{P(B_i \cdot A)}{P(A)} = \frac{P(B_i)P(A|B_i)}{P(A)}$$

$$= \frac{P(B_i)P(A|B_i)}{\sum_{j=1}^{n} P(A|B_j)P(B_j)} \qquad i = 1, 2, \cdots, n$$

其中，$P(B_i)$ 被称为先验概率，$P(B_i|A)$ 被称为后验概率。B_i 为导致 A 发生的"条件"，$P(B_i)$ 表示各种"条件"发生的可能性，所以被叫作先验概率。$P(B_i|A)$ 表示当产生了"结果" A 之后再对各种"条件"进行的概率计算，所以被叫作后验概率。看一下下面的例子，读者就会更好理解了。

某工厂生产螺丝钉，有甲、乙、丙 3 个车间，各车间的产量分别占全厂产量的 40%、35% 和 25%，同时各个车间生产螺丝钉的次品率分别为 2%、4% 和 5%。现在从待出厂的产品中检查出 1 个次品，问此次品由丙车间生产的概率。

3 个车间构成了某工厂生产的螺丝钉 B 的一个划分，我们用 B_1、B_2、B_3 分别表示甲、乙、丙 3 个车间生产的螺丝钉，显然有 $B=B_1 \cup B_2 \cup B_3$，即：

$$P(B_1)=40\%, \ P(B_2)=35\%, \ P(B_3)=25\%$$

我们用 A 表示该工厂生产次品的数量。根据题意，各个车间生产螺丝钉的次品率分别为：

$$P(A|B_1)=2\%, \ P(A|B_2)=4\%, \ P(A|B_3)=5\%$$

根据贝叶斯公式，此次品由丙车间生产的概率为：

$$P(B_3|A) = \frac{P(B_3)P(A|B_3)}{P(A|B_1)P(B_1)+P(A|B_2)P(B_2)+P(A|B_3)P(B_3)}$$

$$= \frac{25\% \times 5\%}{40\% \times 2\% + 35\% \times 4\% + 25\% \times 5\%}$$

$$= 36\%$$

（3）事件的独立性

设 A 和 B 是两个随机事件，一般 A 和 B 发生的概率相互之间是有影响的，即 $P(B|A) \neq P(B)$。只有当这种影响不存在时，才会有 $P(B|A)=P(B)$，这时有：$P(A \cdot B)=P(B|A) \cdot P(A)=P(A) \cdot P(B)$，则称 A 和 B 为相互独立事件。通俗地讲，就是两个事件之间的发生概率是没有影响的。

5.2　从贝叶斯公式到朴素贝叶斯分类

5.1 节中介绍了贝叶斯公式，其实它是以人名命名的：托马斯·贝叶斯（Thomas Bayes，1702—1763 年），其为贝叶斯学派的创始人，在 18 世纪就提出了贝叶斯公式，但当时的贝叶斯就是一个民间学术"草根"。因为在之后的约 200 年中，频率学派始终占据着统计学界的主导地位，所以当时最具影响力的统计学家大都属于频率学派。直到 20 世纪五六十年代，贝叶斯学派开始逐步繁荣，这要归功于该学派理论的不断完善，特别是无信息先验分布的发展、统计决策理论对贝叶斯理论的使用，以及贝叶斯理论在医学等领域中取得的显著成果。时至今日，贝叶斯学派已发展到足以和频率学派分庭抗礼的程度。在当今的统计学界中，众多统计学家也不再明确区分自己属于哪个学派。

下面用一个场景说明贝叶斯公式与现实生活的具体联系：假定用血清甲胎蛋白法诊断肝癌。用 C 表示被检验者有肝癌这一事件，用 A 表示被检验者为阳性反应来反映这一事件。当前肝癌患者被检测呈阳性反应的概率为 0.95，即 $P(A|C)=0.95$；当前非肝癌患者被检测呈阴性反应的概率为 0.9，即 $P(\overline{A}|\overline{C})=0.9$，同时有，$P(A|\overline{C})=0.1$。若某人群中有肝癌患者的概率为 0.0004，即 $P(C)=0.0004$，那么，$P(\overline{C})=0.9996$，现在有一个人呈阳性反应，求此人为肝癌患者的概率是多少？

我们通过 5.1 节的知识就可以得出相应的结果，即：

$$P(C|A) = \frac{P(C)P(A|C)}{P(C)P(A|C) + P(\overline{C})P(A|\overline{C})} = \frac{0.0004 \times 0.95}{0.0004 \times 0.95 + 0.9996 \times 0.1} = 0.003787$$

1. 分类思想

朴素贝叶斯分类是一种有监督的学习方法，其利用一组已经标记好类别的样本数据（训练集），通过设计分类识别函数（即分类器），使分类结果达到所要求的性能的过程。在朴素贝叶斯分类工作过程中，每个待分类样本都具有 n 个属性，用一个 n 维向量 $\boldsymbol{X} = (x_1, x_2, \cdots, x_n)$ 表示。$x_i(i = 1, 2, \cdots, n)$ 为 $\boldsymbol{X}$ 的某个特征属性。假定有 m 个类别 $C = (c_1, c_2, \cdots, c_m)$，给定一个未知的数据样本 $\boldsymbol{X}$，朴素贝叶斯分类将 $\boldsymbol{X}$ 分配给类别 $c_i(1 \leqslant i \leqslant m)$，当且仅当对任意的 $j = 1, 2, \cdots, m$，则 $j \neq i$，且有 $P(c_i|\boldsymbol{X}) > P(c_j|\boldsymbol{X})$，即把 x 分配给具有最大后验概率的类别。根据贝叶斯公式可知：

$$P(c_i|\boldsymbol{X}) = \frac{P(\boldsymbol{X}|c_i)P(c_i)}{P(\boldsymbol{X})}$$

由于 $P(\boldsymbol{X})$ 相对于 $c_1, c_2, \cdots, c_m$ 是常数，那么，只需要使 $P(\boldsymbol{X}|c_i)P(c_i)$ 最大化即可。其中，$P(c_i)$ 为先验概率，$P(\boldsymbol{X}|c_i)$ 为条件概率。先验概率 $P(c_i)$ 一般可以通过 $P(c_i) = s_i \big/ s$ 公式进行估算。其中，s_i 为训练集中类别 c_i 的个数，s 为整个训练集的大小。

2. 计算说明

根据所给定包含多个属性的数据集，直接计算 $P(\boldsymbol{X}|c_i)$ 的运算量是非常大的。为实现对 $P(\boldsymbol{X}|c_i)$ 的有效估算，贝叶斯分类器通常假设各类别是相互独立的，即各属性的取值是相互独立的。对于特定的类别且其各属性相互独立，就会有：

$$P(\boldsymbol{X}|c_i) = \prod_{k=1}^{n} P(x_k|c_i)$$

所以，朴素贝叶斯模型的公式为：

$$\mathrm{NB}(X) = \arg\max_{c_i \in C} P(c_i) \prod_{k=1}^{n} P(x_k|c_i)$$

我们可以根据训练数据样本估算 $P(x_1|c_i), P(x_2|c_i), \cdots, P(x_n|c_i)$ 的值，具体处理方法说明如下。

（1）若属性 A_k 为文本，就有 $P(x_k|c_i) = \dfrac{s_{ik}}{s_i}$，这里的 s_{ik} 为训练样本中类别 c_i 并且属性 A_k 为某取值的样本数。s_i 是训练样本中类别为 c_i 的样本数。

（2）若属性 A_k 为连续变量，那么，假设属性具有高斯分布，因此有：

$$P(x_k|c_i) = g(x_k, \mu_{c_i}, \sigma_{c_i}) = \frac{1}{\sqrt{2\pi}\sigma_{c_i}} e^{\frac{(x-\mu_{c_i})^2}{2\pi\sigma^2_{c_i}}}$$

其中，$g(x_k, \mu_{c_i}, \sigma_{c_i})$ 为属性 A_k 的高斯概率密度函数（正态分布），μ_{c_i} 和 σ_{c_i} 为训练样本中类别为 c_i 且属性为 A_k 的均值和方差。

3. 朴素贝叶斯分类流程

整个朴素贝叶斯分类分为两个阶段：

（1）朴素贝叶斯学习

训练集 $T = \{(x_1, y_1), (x_2, y_2), \cdots, (x_n, y_n)\}$，属性集为 A，$y_i \in (c_1, c_2, \cdots, c_k)$。对于 T，我们计算先验概率 $P(c_k)$ 和条件概率 $P(a_i|c_k)$：

$$P(c_k) = \frac{S_k}{S}, \quad P(a_i|c_k) = \frac{S_{ki}}{S_k}$$

其中，训练样本数为 S，类别 c_k 的样本数为 S_k，在类别 c_k 的样本中，属性 A_i 取值为 a_i 的样本数为 S_{ki}。

（2）朴素贝叶斯分类

对于测试集给定实例 x，计算后验概率 $P(c_k)\prod_{i=1}^{n}P(a_i|c_k)$，并通过比较后确定实例所属的类 $NB(X)=\arg\max_{c_k}P(c_k)\prod_{i=1}^{n}P(a_i|c_k)$。

下面举例来说明。请看如表 5-1 所示的训练集，目的是通过训练学习一个朴素贝叶斯分类器，并确定测试样本 $x=(2,S)^T$ 的类别标记 y。其中，$X^{(1)},X^{(2)}$ 为特征，取值集合分别为 $A_1=\{1,2,3\}$，$A_2=\{S,M,L\}$，Y 为类标号，$Y\in C=\{1,-1\}$。

表 5-1

	1	2	3	4	5	6	7	8	9	10	11	12	13	14	15
$X^{(1)}$	1	1	1	1	1	2	2	2	2	2	3	3	3	3	3
$X^{(2)}$	S	M	M	S	S	S	M	M	L	L	L	M	M	L	L
Y	-1	-1	1	1	-1	-1	-1	1	1	1	1	1	1	1	-1

解题：首先，针对训练集计算先验概率和条件概率：

$$P(Y=1)=\frac{9}{15},\ P(Y=-1)=\frac{6}{15}$$

$$P(X^{(1)}=1|Y=1)=\frac{2}{9},\ P(X^{(1)}=2|Y=1)=\frac{3}{9},\ P(X^{(1)}=3|Y=1)=\frac{4}{9}$$

$$P(X^{(2)}=S|Y=1)=\frac{1}{9},\ P(X^{(2)}=M|Y=1)=\frac{4}{9},\ P(X^{(2)}=L|Y=1)=\frac{4}{9}$$

$$P(X^{(1)}=1|Y=-1)=\frac{3}{6},\ P(X^{(1)}=2|Y=-1)=\frac{2}{6},\ P(X^{(1)}=3|Y=-1)=\frac{1}{6}$$

$$P\left(X^{(2)}=S|Y=-1\right)=\frac{3}{6},\ P\left(X^{(2)}=M|Y=-1\right)=\frac{2}{6},\ P\left(X^{(2)}=L|Y=-1\right)=\frac{1}{6}$$

接着，针对给的测试实例 $x=(2,S)^T$ 计算后验概率：

$$P\left(Y=1\right)P\left(X^{(1)}=2|Y=1\right)P\left(X^{(2)}=S|Y=1\right)=\frac{9}{15}\times\frac{3}{9}\times\frac{1}{9}=\frac{1}{45}$$

$$P\left(Y=-1\right)P\left(X^{(1)}=2|Y=-1\right)P\left(X^{(2)}=S|Y=-1\right)=\frac{6}{15}\times\frac{2}{6}\times\frac{3}{6}=\frac{1}{15}$$

通 过 比 较 得 知， $P\left(Y=-1\right)P\left(X^{(1)}=2|Y=-1\right)P\left(X^{(2)}=S|Y=-1\right)=$ $\frac{6}{15}\times\frac{2}{6}\times\frac{3}{6}=\frac{1}{15}$，所以 $x=(2,S)^T$ 的类别标记 $y=-1$。

4．朴素贝叶斯的优缺点

（1）优点

首先，由于属性条件独立性假设，使得朴素贝叶斯在处理具有不同属性特点的数据集时也能保持稳定的分类性能，而不用考虑各个属性间的关联。其次，朴素贝叶斯的模型结构简单，需要估计的参数也相对比较少。因此，朴素贝叶斯在模型训练和数据分类的过程中计算开销也比较小，简单、高效是朴素贝叶斯分类算法的主要优势。

（2）缺点

在实际应用中基本上不可能满足其属性条件独立性的假设，对那些属性间存在高度相关性的数据，如果直接使用朴素贝叶斯进行处理，分类效果很难达到实际预期。另外，在需要处理的数据不完整或者出现极度不平衡数据时，可能会导致某个甚至某些属性的后验概念出现较大偏差，从而影响最终的分类结果。不过，目前已有相关方法解决数据不完整和不平衡数据问题，比如拉普拉斯平滑技术等。此技术在一定程度上可以提高分类器的性能。

　　这里我们延伸地介绍一下拉普拉斯平滑技术。拉普拉斯平滑又称为加 1 平滑，是比较常用的平滑技术。该技术是为了解决零概率问题，就是在预测实例时，如果某个具体值 a 在训练集中没有出现过，会导致实例的概率结果为 0。不能因为一个事件没有观察到就武断地认为该事件的概率为 0，这是不合理的。法国数学家拉普拉斯最早提出用加 1 的方法估计没有出现过的现象的概率，所以加 1 平滑也叫作拉普拉斯平滑。

　　具体地讲，把开始时先验概率公式 $P(c_k) = \dfrac{S_k}{S}$ 变为 $P(c_k) = \dfrac{S_k + 1}{S + K}$，把开始时条件概率公式 $P(a_i | c_k) = \dfrac{S_{ki}}{S_k}$ 变为 $P(a_i | c_k) = \dfrac{S_{ki} + 1}{S_k + L}$。加 1 的意思就是在计算先验概率和条件概率时，在分子上加 1。相应地，计算先验概率时，在分母上加上类别个数 K；计算条件概率时，在分母上加上当前特征值的取值个数 L，这样就避免了在测试实例中概率结果为 0 的情况了。

5.3 Python 代码实现

在 scikit-learn 中，根据条件概率不同的分布，有多种贝叶斯分类器，分别为高斯朴素贝叶斯分类器、多项式朴素贝叶斯分类器、伯努利朴素贝叶斯分类器。高斯朴素贝叶斯分类器适用于连续特征的分类问题；多项式朴素贝叶斯分类器采用了拉普拉斯平滑技术，适合离散特征的分类问题（更多的是文本分类）；与多项式朴素贝叶斯分类器一样，伯努利朴素贝叶斯分类器适用于离散特征的情况。所不同的是，伯努利朴素贝叶斯分类器中的每个特征的取值只能是 1 和 0（以文本分类为例，某个单词在文档中出现过，则其特征值为 1，否则为 0），只不过在运用伯努利朴素贝叶斯分类器时，需要进行特征二值化处理而已。

下面用 Python 代码实现，数据集仍然选择鸢尾花数据集。

```python
#导入相应的库
from sklearn.naive_bayes import GaussianNB
from sklearn import datasets
from sklearn.model_selection import train_test_split
from sklearn.metrics import confusion_matrix  as CM

#提取鸢尾花数据集
iris_data=datasets.load_iris()  #sklearn 库自带此数据集

# 拆分测试集 Y 与训练集
X = iris_data.data
Y = iris_data.target
X_train, X_test, Y_train, Y_test = train_test_split(X, Y,
test_size=0.3, random_state=1111)
```

```
#构建高斯朴素贝叶斯分类器
GNB = GaussianNB() #高斯朴素贝叶斯默认 priors=None
GNB_fit=GNB.fit(X_train,Y_train)
print('各个类标记对应的先验概率:',GNB_fit.class_prior_)
print('各类标记对应的训练样本数:', GNB_fit.class_count_)

#分类器评估
score = GNB_fit.score(X_test,Y_test)
print('模型预测准确率: ',score)
Y_pred=GNB_fit.predict(X_test)
print('混淆矩阵: \n',CM(Y_test,Y_pred))
```

打印如下:

```
各个类标记对应的先验概率: [0.34285714 0.3047619  0.35238095]
各类标记对应的训练样本数: [36. 32. 37.]
模型预测准确率: 0.9555555555555556
混淆矩阵:
 [[14  0  0]
 [ 0 17  1]
 [ 0  1 12]]
```

下面看一下 scikit-learn 中的朴素贝叶斯分类器及参数。

（1）高斯朴素贝叶斯分类器：GaussianNB (priors=None, var_smoothing= 1e-09)

priors=None：表示类的先验概率。默认为 None，表示自行根据数据计算先验概率。如果指定先验概率，则不根据数据调整先验概率，以指定的先验概率为准。

var_smoothing：默认值为 1e-09，可不填写。设置此参数的目的是平衡方差分布，追求估计的稳定性。

在实例化时，不需要对高斯朴素贝叶斯类输入任何参数，调用的接口也全部是 sklearn 中比较标准的一些配置。高斯朴素贝叶斯分类器是一个非常轻量量级的类，操作非常容易，但这也意味着高斯朴素贝叶斯分类器没有太多的参数可以调整，此分类器的成长空间并不太大。

（2）多项式朴素贝叶斯分类器：MultinomialNB(alpha=1.0, fit_prior, class_prior)

alpha：先验平滑因子，默认为 1.0（表示拉普拉斯平滑）。

fit_prior：是否为学习类的先验概率，默认为 True。

class_prior：各个类别的先验概率，如果没有指定，则分类器会根据数据自动学习。每个类别的先验概率相同，等于类标记总个数的 N 分之一。

（3）伯努利朴素贝叶斯分类器：BernoulliNB(alpha, binarize, fit_prior, class_prior)

binarize：样本特征二值化的阈值，默认为 0。如果不输入具体的值，则分类器会认为所有特征都已经是二值化形式了；如果输入具体的值，则会把大于该值的部分归为一类，把小于该值的部分归为另一类。

以上部分涉及高斯朴素贝叶斯分类器、多项式朴素贝叶斯分类器及伯努利朴素贝叶斯分类器，下面具体介绍相关的理论。

1. 高斯朴素贝叶斯分类器

首先，介绍一下高斯分布。高斯分布也被称为正态分布，在统计学中十分重要，它被广泛用于表示自然和社会科学中未知随机变量的分布。一个随机变量如果服从高斯分布 $X \sim N(\mu, \sigma^2)$，则其概率密度函数可表示为：

$$f(x, \mu, \sigma) = \frac{1}{\sigma\sqrt{2\pi}} \exp\left(-\frac{(x-\mu)^2}{2\sigma^2}\right)$$

其中，μ 为服从高斯分布的变量的平均值；σ^2 为随机变量方差，σ 为标准差。特别地，当 $\mu = 0$、$\sigma = 1$ 时，则称随机变量 X 服从标准正态分布，其概率密度函数为：

$$f(x) = \frac{1}{\sqrt{2\pi}} e^{\left(-x^2/2\right)}$$

通常我们会认为，在特定条件下，经过大量统计，独立的随机变量会近似地服从正态分布。

下面我们将高斯分布应用到朴素贝叶斯分类器中，当特征是连续变量时，通常假设特征分布为正态分布，用高斯朴素贝叶斯分类器进行分类。根据样本算出均值和方差，再求得概率：

$$P\left(x_i \middle| y_k\right) = \frac{1}{\sqrt{2\pi}\sigma_{y_k}} \exp\left(-\frac{\left(x_i - \mu_{y_k}\right)^2}{2\sigma_{y_k}{}^2}\right)$$

其中，y_k 为第 k 个类别，μ_{y_k} 为在样本类别 y_k 中所有 x_i 的平均值，$\sigma_{y_k}{}^2$ 为在样本类别 y_k 中所有 x_i 的方差。

通俗地讲，首先将训练样本根据 label 的取值进行分类，然后假定在一个固定的 label 分组中（也就是规定了 $y = y_k$ 的条件下），特征 X 的第 i 个维度 x_i 的取值满足正态分布。这个正态分布以它们的统计均值 μ_{y_k} 为期望，以其统计方差 $\sigma_{y_k}{}^2$ 为方差。剩余的步骤和朴素贝叶斯方法没有什么区别。

2. 伯努利朴素贝叶斯分类器

在一次随机试验 E 中，如果在试验的结果中只出现 A 或 $\overline{A}$ 两种情况的一种，并且 $P(A) = p$，$P(\overline{A}) = 1 - p$，$0 < p < 1$，则将随机试验 E 称为伯努利试验。如果独立地在相同条件下重复进行 n 次伯努利试验，即 $E = \{E_1, E_2, \cdots, E_n\}$，试验结果之间互相不干扰，每次试验 A 发生的概率不变，则将试验 E 称为 n 重伯努利试验或伯努利概型。

每次试验只有两种结果，设：

$$A_k = \{n\text{重伯努利实验中}A\text{出现}k\text{次}\}$$

根据排列组合知识有：

$$P(A_k) = C_n^k p^k (1-p)^{1-k}, \quad k = 0,1,2,\cdots,n$$

伯努利分布又被称作二项分布，常记作 $B(n,k)$。

伯努利模型常被应用在文本的分类中。伯努利模型认为一个事件有两种可能性：发生或者不发生。当进行 n 次独立、重复的伯努利试验后，会产生一个新的分布，被称为二项分布。对于一篇文档，词典中的每个单词可能在文档中出现，也可能不在文档中出现。因此，词典中的一个单词可以被看作一次伯努利试验，而词典中的所有单词可以被看作 n 重伯努利试验，就是二项分布。

对于一篇文档 $\boldsymbol{d}$，将其表示为向量形式 $\boldsymbol{d} = \{w_1, w_2, \cdots, w_m\}$，$w_i \in \{0,1\}$。其中，$w_i = 1$ 表示该单词在文档 $\boldsymbol{d}$ 中出现，$w_i = 0$ 表示该单词在文档 $\boldsymbol{d}$ 中未出现，m 表示词典的大小。为了处理文本数据，朴素贝叶斯分类器的一个主要假设是在给定文档类别的情况下，每个单词条件概率计算是相互独立的，在此假设下，伯努利模型可以使用下面的公式来预测文档 $\boldsymbol{d}$ 的类别：

$$c(\boldsymbol{d}) = \underset{c \in C}{\arg\max}\, p(c) \prod_{i=1}^{m} \big(w_i \cdot p(w_i|c) + (1-w_i)(1-p(w_i|c)) \big)$$

其中，$p(w_i|c)$ 表示条件概率，可以采用频数计数近似估计：

$$p(w_i|c) = \frac{n_{ic}}{n_c}$$

其中，n_{ic} 表示类别 c 中单词 w_i 出现的文档数，n_c 为属于 c 类的文档数。为了避免概率为 0，一般采用拉普拉斯平滑估计：

$$p\left(w_i \middle| c\right) = \frac{\sum_{j=1}^{n} w_{ji} \cdot \delta(c_j,c) + 1}{\sum_{j=1}^{n} \delta(c_j,c) + 2}$$

$\delta(\cdot)$ 为二值函数，当参数相等时为 1，否则为 0。而 $p(c)$ 的计算如下：

$$p(c) = \frac{\sum_{j=1}^{n} \delta(c_j,c)}{n}$$

由于伯努利模型在统计一篇文档时会简单考虑单词出现与否，而没有考虑单词出现的频率，因此，伯努利模型的分类精度会受到影响。

3. 多项式朴素贝叶斯分类器

多项式模型（多项式朴素贝叶斯分类器的原型）更多地被用在文本分类中，其将文档看作一个词袋模型，认为单词在一篇文档中出现的频率对文档类别的预测有影响。因此，在计算条件概率时，多项式模型需要统计单词出现的频率。

在多项式模型中，一篇文档可以被表示为一个向量 $d = \{w_1, w_2, ..., w_m\}$，$w_i \in N$。其中，$w_i$ 表示单词在文档 d 中出现的频率。多项式模型做了一个条件独立假设，这样可以使得在不同条件下的概率估计互不影响。在待测文档 d 给定的情况下，多项式模型使用下面的公式对文档 d 进行预测：

$$c(d) = \underset{c \in C}{\arg\max} \left[\log_2 p(c) + \sum_{i=1}^{m} f_i \cdot \log_2 p(w_i|c) \right]$$

其中，$p(c)$ 可以通过下面的公式得到。该公式同样采用了拉普拉斯估计，l 表示类别属性 C 的属性值个数。

$$p(c) = \frac{\sum\limits_{j=1}^{n} \delta(c_j, c) + 1}{n + l}$$

条件概率 $p(w_i|c)$ 表示属于 c 类样本中单词 w_i 出现的概率，公式如下：

$$p(w_i|c) = \frac{\sum\limits_{j=1}^{n} f_{ji} \cdot \delta(c_j, c) + 1}{\sum\limits_{i=1}^{m} \sum\limits_{j=1}^{n} f_{ji} \cdot \delta(c_j, c) + m}$$

其中，f_{ji} 表示第 j 篇文档中第 i 个单词出现的频率，c_j 表示第 j 篇文档的类标记，m 表示属性个数。

第 **6** 章

聚类分析

俗话说，"物以类聚，人以群分"，经常打游戏的同学，其周围大多是游戏玩家，经常打篮球的同学；其朋友大多是"灌篮高手"。如果把每个同学看成一个变量，其中之一的属性是爱好，那么，拥有类似或相同爱好的同学会更容易成为朋友。从机器学习的角度讲，这就是一种聚类。聚类分析，顾名思义，就是将数据以某种相似度进行聚堆，为进一步对此群体的特征进行分析做准备。

6.1　聚类分析基础

1．聚类分析含义

在机器学习领域，聚类属于无监督学习。聚类就是将一群物理的或抽象的对象，根据它们之间的相似程度分为若干组，并使得同一个组内的数据对象具有较高的相似度，而不同组内的数据对象则是不相似的。一个聚类（在计算机科学中被称为"簇"，在统计学中被称为"类"）就是由彼此相似的一组对象所构成的集合。相似度一般是根据数据目标之间的距离来计算的。在很多应用场景中，可以将一个类中的数据对象作为一个整体来对待。

聚类有着严格的数学描述：被研究的样本集为 X，类 C 被定义为 X 的一个非空子集，即 $C \subset X$，且 $C \neq \varnothing$，聚类就是满足下面两个条件的类 C_1，C_2，$\cdots$，C_k 的集合：

条件①：$C_1 \cup C_2 \cup \cdots \cup C_k = X$；

条件②：对任意的 $1 \leqslant i \leqslant k$，$1 \leqslant j \leqslant k$，$i \neq j$，$C_i \cap C_j = \varnothing$。

由条件①可知，样本集 X 中的每个样本必定属于某一个类，由条件②可知，样本集 X 中的每个样本最多属于一个类。

2．聚类分析中的数据结构

大部分聚类方法采用两种数据结构：数据矩阵和相异度矩阵。

（1）数据矩阵

数据矩阵是一个对象—属性结构。设一个数据集 X 中有 n 个对象（n 可以被看作样本数量）：$x_i (i = 1, 2, \cdots, n)$，对每个对象选择了 p 个变量（特征属性），第 i 个对象的第 j 个变量的观测值用 x_{ij} 表示，则这 n 个对象的所有 p 个变量的观测值可以用一个 $n \times p$ 的矩阵表示：

$$X = \begin{bmatrix} x_{11} & \cdots & x_{1p} \\ \vdots & & \vdots \\ x_{n1} & \cdots & x_{np} \end{bmatrix}$$

（2）相异度矩阵

相异度矩阵是一个对象—对象结构。它用于存放所有 n 个对象两两之间所形成的差异，对于一个相异度矩阵 DIFF，可以通过一个 $n \times n$ 的矩阵表示：

$$\text{DIFF} = \begin{bmatrix} 0 & & & \\ d(x_2, x_1) & 0 & & \\ \vdots & \vdots & 0 & \\ d(x_n, x_1) & d(x_n, x_2) & \cdots & 0 \end{bmatrix}$$

其中，$d(x_i, x_j)$ 的值总是大于或等于 0，用来衡量两条记录 x_i 与 x_j 的差异程度（不相似程度）。如果记录 x_i 与 x_j 越接近，则其差异程度就接近为 0；两条记录的差异程度越大，相应的 $d(x_i, x_j)$ 就会越大。我们很容易得出，$d(x_i, x_j) = d(x_j, x_i)$ 和 $d(x_i, x_i) = 0$。也就是说，对角线上的元素值全为 0，矩阵关于对角线对称。

3. 数据对象之间的相似性（相异性）度量

对于聚类分析过程，我们不需要知道类的个数或者属性等信息，而是需要通过数据样本之间的相似度进行分类。下面介绍几种不同数据类型的度量方式。

（1）区间标度变量

区间标度变量一般是一个连续的线性标度变量，温度、湿度、长度、体积等都是典型的区间标度变量。用来度量变量的单位（即度量单位）会影响相异度的计算，从而影响聚类。一般为了屏蔽度量单位对聚类结果的影响，在计算数据的相异度之前常进行数据的标准化，公式如下：

$$z_i = \frac{x_i - \overline{x}}{s}$$

其中，$x_i(i = 1, 2, \cdots, n)$ 是 n 个数据的度量值，$\overline{x}$ 是它们的均值，s 常被视为 n 个数据的标准差。

数据经过标准化处理后，就可以使用距离来计算对象之间的相异度。聚类分析中经常使用的距离度量方法是欧式距离。两个对象 x_i 与 x_j 的欧式距离可以表示为：

$$\text{dis}(x_i, x_j) = \sqrt{(x_{i1} - x_{j1})^2 + \cdots + (x_{ip} - x_{jp})^2} = \sqrt{\sum_{k=1}^{p} \left(x_{ik} - x_{jk} \right)^2}$$

其中，$x_i = (x_{i1}, x_{i2}, \cdots, x_{ip})$ 和 $x_j = (x_{j1}, x_{j2}, \cdots, x_{jp})$ 是两个具有 p 个属性的数据对象。

此外，还有一个比较常用的计算相异度的方法——皮尔逊相似系数：

$$r(x, y) = \frac{\sum_{i=1}^{p}(x_i - \overline{x}_i)(y_i - \overline{y}_i)}{\sqrt{\sum_{i=1}^{p}(x_i - \overline{x}_i)^2 \sum_{i=1}^{p}(y_i - \overline{y}_i)^2}}$$

我们可以看出，皮尔逊相似系数的计算过程中已经包含了对数据的标准化过程。

（2）二值变量

一个二值变量只有两个状态（0 或 1），如合格或者不合格，合格用 1 表示，不合格用 0 表示。设 x_i 和 x_j 是两个 p 维的数据对象，两个对象中属性值均为 1 的属性个数为 q；属性值在 x_i 中为 1 而在 x_j 中为 0 的属性个数为 r；属性值在 x_i 中为 0 而在 x_j 中为 1 的属性个数为 s；两个对象中属性值均为 0 的属性个数为 t。2×2 列联表如表 6-1 所示。

表 6-1

		x_i	
		1	0
x_j	1	q	s
	0	r	t

显然，$q+t$ 的比重描述了两个个体之间的相似度，而 $s+r$ 的比重反映了两个个体之间的相异度。

进一步地讲，二值变量又可以被分为对称二值变量和非对称二值变量。对称二值变量的两个状态是等权重的，如性别变量，1 表示男人，0 表示女人。最著名的评价两个对象 x_i 和 x_j 之间的相异度系数指标是简单匹配系数。其定义如下：

$$d\left(x_i, x_j\right) = \frac{s+r}{q+s+r+t}$$

非对称二值变量的两个状态是不对称的，如某项指标的检测结果，1 表示不正常，0 表示正常。显然，该变量取值为 1 比取值为 0 具有更为重要的意义。最常用的评价非对称二值变量的相异度指标是 Jaccard 系数，其定义如下：

$$d\left(x_i, x_j\right) = \frac{s+r}{q+s+r}$$

（3）标称型变量

标称型变量又称定类变量或符号变量，它是二值变量的推广。它可以具有多个状态值，各状态值之间没有顺序关系。对于标称型变量，两个对象 x_i 和 x_j 之间的相异度被定义为：

$$d\left(x_i,x_j\right)=\frac{p-m}{p}$$

其中，p 是全部变量的个数，m 是对象 x_i 和 x_j 中取值相同的变量的个数。

（4）序数型变量

序数型变量与标称型变量相似，不同之处在于序数型变量的各个状态是按照一定的顺序进行排列的，如学历水平、技术等级，它们的具体级别是按照一定顺序排列的。序数型变量可以被映射到一个等级（秩）集合上，假设变量 h 是用于描述 n 个对象的一组序数型变量，则 h 的相异度计算方法如下：

①设 x_{ih} 是第 i 个对象 h 的变量值，h 有 M_h 个有序状态，可以将 x_{ih} 分别用相应的等级替换，得到相应的秩 r_{ih}，$r_{ih}\in\{1,2,\cdots,M_h\}$。

②将序数型变量的值进行归一化处理，映射在[0,1]区间中，这样可以保证每个变量的权值相同，方便计算。映射的方法为：

$$z_{ih}=\frac{r_{ih}-1}{M_{ih}-1}$$

相异度的计算可选取上面区间标度变量中所描述的任意一种距离。

（5）混合型变量

在数据库中，对象经常是由多种类型的变量共同描述的。在实际的聚类分析中，通常将不同类型的变量组合在同一个相异度矩阵中进行计算。设数据包含 p 个不同类型的变量，则对象 x_i 和 x_j 之间的相异度被定义为：

$$d(x_i, x_j) = \frac{\sum_{k=1}^{p} \delta_k d_k(x_i, x_j)}{\sum_{k=1}^{p} \delta_k}$$

其中，δ_k 是一个指示变量，如果 x_{ik} 不存在，或 x_{jk} 无测量值，或 $x_{jk} = x_{ik} = 0$，或第 k 个变量是非对称二值变量，则 $\delta_k = 0$，否则 $\delta_k = 1$。

数据类型会影响变量 h 中的对象 x_i 和 x_j 之间的相异度的计算方式，具体表现为以下几种形式：

① 变量 h 是二值变量或者区间标称变量，若 $x_{ih} = x_{jh}$，则 $d_k(x_i, x_j) = 1$，否则 $d_k(x_i, x_j) = 1$。

② 变量 h 是区间标度变量：

$$d_h(x_i, x_j) = \frac{|x_{ih} - x_{jh}|}{\max_f x_{hf} - \min_f x_{hf}}$$

其中，f 是变量 h 所有可能的对象。

③ 变量 h 是序数型变量，先计算 r_{ih} 和 z_{ih}，并且将 z_{ih} 当作区间标度变量来操作。

6.2 聚类算法

目前，比较常见的聚类算法有基于划分的聚类算法、基于层次的聚类算法、基于密度的聚类算法、基于模型的聚类算法、基于网格的聚类算法等。

1. 基于划分的聚类算法

假定在一个数据集中含有 n 个对象（元组），使用基于划分的聚类算法会自动在数据集中生成 K 个划分，这样就形成了 K 个簇（类），并且满足条件 $K \leqslant n$。划分的规则如下：每个类中至少包含一个数据对象；每个数据对象必须属于且仅属于一个类。

基于划分的聚类算法的基本思想：给定聚类的数目和一个初始的聚类算法，然后以一定的规则进行迭代计算，最终得到相对较优的聚类结果。

聚类的终极目标：同一类中的数据尽可能相似，不同类中的数据尽可能相异。使用这个基本思想的算法有 K-means 算法、K-medoids 算法、CLARA 算法、CLARANS 算法、PAM 算法等。在实际应用中，大多数算法都是由 K-means 算法、K-medoids 算法扩展而来的，下面对这两种算法进行简单介绍。

（1）K-means 算法

K-means 算法把 n 个对象划分成 k 个类，使类内的对象具有较高的相似度，而类间的对象具有较低的相似度。相似度确定的依据是一个类中对象的平均值。

K-means 算法的基本思想：

① 随机选取 k 个对象作为初始的 k 个类的聚类中心。

② 对于剩余的每个对象，根据其与聚类中心的距离，将其分到离它最近的类中。

③ 重新计算每个类中对象的平均值，然后作为新的聚类中心。

④ 重复步骤②和③，直到准则函数收敛。

通常采用平方误差和作为准则函数，即：

$$\text{SSE} = \sum_{i=1}^{k} \sum_{p \in C_i} \| p - m_i \|^2$$

其中，p 为数据对象，m_i 是类 C_i 的平均值（p 与 m_i 均是多维的）。此准则函数使得类内对象尽可能紧凑，类间对象尽可能独立。

下面是 K-means 算法的具体实现过程。

① 给定具有 n 个对象的数据集，令 $I = 1$，随机选取 k 个聚类中心：$V_j(I), j = 1, 2, \cdots, k$。

② 计算各个对象到每个聚类中心的距离：

$$D\left(x_i, (V_j(I))\right), i = 1, 2, \cdots, n, \quad j = 1, 2, \cdots, k$$

若有 $D\left(x_i, (V_k(I))\right) = \min\left\{D\left(x_i, (V_j(I))\right), i = 1, 2, \cdots, n\right\}$，则 $x_i \in C_k$。

③ 更新聚类中心：$V_j(I+1) = \dfrac{1}{n_j} \sum_{i=1}^{n_j} x_i^{(j)}, \quad j = 1, 2, 3, \cdots, k$。

④ 判断：若 $V_j(I) \neq V_j(I+1)$，则 $I = I+1$，返回步骤②，否则结束。

其中，n 为对象的总个数；k 为聚类的数目。

K-means 算法有以下几个缺点：事先必须人为地给定聚类数目 k 的值；在数据平均值存在且有意义的情况下才能使用该算法；对噪声数据敏感，极少的噪声数据会对聚类结果产生较大的影响。

（2）K-mediods 算法

为了避免噪声数据对聚类结果的影响，后人提出了 K-mediods（中心点）算法。简单地说，它就是用中位数代替平均数，其区别于 K-means 算法的地方介绍如下。

① 为每个类随机选取一个中心点，计算其余的对象与中心点的距离，根据其与中心点的距离，将其分配到最近的类中。

② 重复地用类的中位数对象来代替当前中心点对象，如果代替之后聚类的结果有所改善，则将此点设置为新的中心点，否则保留原来的中心点。

③ 衡量聚类结果的好坏通常用一个代价函数来表征，该函数是用对象之间的平均相异度来构造的。

虽然 K-mediods 算法比 K-means 算法更健壮，但是 K-mediods 算法也有缺点。K-mediods 算法的计算量要比 K-means 算法的计算量大，不适合应用于具有大量数据的数据集。

2. 基于密度的聚类算法

基于划分的聚类算法是以数据对象之间的距离作为判决准则而进行聚类的，此算法只能发现球状的类，而现实生活中的数据集多种多样，于是基于密度的聚类算法便产生了。此算法的思想是：如果一个区域中的数据点的密度值超过了所规定的阈值，则将此区域中的数据点加入与此密度值相近的类中。此算法有较好的抗噪性能。典型的基于密度的聚类算法为 DBSCAN 算法（Density-Based Spatial Clustering of Applications with Noise，具有噪声的基于密度的聚类算法）。

（1）DBSCAN 算法的原理

一般假定类别可以通过样本分布的紧密程度来决定。对于同一类别的样本，它们之间是紧密相连的，也就是说，在该类别的任意样本周围一定有同类别的样本存在。通过将紧密相连的样本划为一类，就得到了一个聚类类别。通过将所有各组紧密相连的样本划为不同的类别，就得到了最终的所有聚类类别结果。具体来说，DBSCAN 算法是基于一组邻域来描述样本集的紧密程度的，其参数（ε, MinPts）用来描述邻域的样本分布的紧密程度。其中，ε 描述了某一样本的邻域距离阈值，MinPts 描述了某一样本的距离为 ε 的邻域样本个数的阈值。

假设样本集是 $D = (x_1, x_2, \cdots, x_m)$，则 DBSCAN 算法的密度描述定义如下：

① ε-邻域：对于 $x_j \in D$，其 ε- 邻域包含在样本集 D 中与 x_j 的距离不大于 ε 的子样本集，即 $N_\varepsilon(x_j) = \left\{ x_i \in D \middle| \text{distance}(x_i, x_j) \leqslant \varepsilon \right\}$，此子样本集的个数记为 $\left| N_\varepsilon(x_j) \right|$。

② 核心对象：对于任意一个样本 $x_j \in D$，如果其 ε- 邻域对应的 $\left| N_\varepsilon(x_j) \right|$ 至少包含 MinPts 个样本，即 $\left| N_\varepsilon(x_j) \right| \geqslant \text{MinPts}$，则 x_j 是核心对象。

③ 密度直达：如果 x_i 位于 x_j 的 ε-邻域 中，且 x_j 是核心对象，则称 x_i 由 x_j 密度直达。注意，反之不一定成立。

④ 密度可达：对于 x_i 和 x_j，如果存在样本序列 p_1, $p_2, \cdots, p_T$，满足 $p_1 = x_i$，$p_T = x_j$，且 p_{t+1} 由 p_t 密度直达，则称 x_j 由 x_i 密度可达。也就是说，密度可达满足传递性，此时，序列中的传递样本 p_1, $p_2, \cdots, p_{T-1}$ 均为核心对象，因为只有核心对象才能使其他样本密度直达。

⑤ 密度相连：对于 x_i 和 x_j，如果存在核心对象 x_k，使 x_i 和 x_j 均由 x_k 密度可达，则称 x_i 和 x_j 密度相连。我们很容易得出，密度相连关系满足对称性。

通过图 6-1 可以很容易理解上述定义，此图为 DBSCAN 算法的示意图。图中 MinPts=5，带箭头的点都是核心对象，因为其 ε- 领域中至少有 5 个样本。所有核心对象密度直达的样本在以核心对象（箭头连接的点）为中心的超球体内，如果不在超球体内，则不能密度直达。图中用箭头连起来的核心对象组成了密度可达的样本序列。在这些密度可达的样本序列的 ε- 邻域内，所有的样本相互之间都是密度相连的。非箭头连起来的圆点是非核心对象。

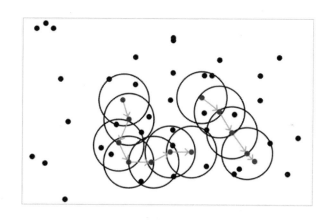

图 6-1

DBSCAN 算法的聚类过程很简单：由密度可达关系导出的最大密度相连的样本集合，即为最终聚类的一个类别，或者被称为一个簇。

（2）DBSCAN 算法的聚类思想

任意选择一个没有类别的核心对象作为种子，然后找到所有这个核心对象能够密度可达的样本集合，即为一个聚类簇。接着选择另一个没有类别的核心对象来寻找密度可达的样本集合，这样就得到另一个聚类簇。一直运行到所有核心对象都有类别为止。我们一般采用"最近邻"思想，即采用某一种距离度量来衡量样本距离，比如欧式距离。另外，对于一些异常样本点或者少量游离于簇外的样本点，这些点不在任何一个核心对象的周围，在 DBSCAN 算法中，一般将这些样本点标记为噪声点。

该算法的计算流程如下：

输入：样本集 $D = (x_1, x_2, \cdots, x_m)$，邻域参数为（$\varepsilon$, MinPts），样本距离度量方式为欧氏距离。

输出：类别划分 C。

初始化核心对象集合 $\Omega = \Phi$，初始化聚类簇数 $k = 0$，初始化未访问的样本集合，类别划分 $C = \Phi$。

① 对于 $j = 1, 2, \cdots, m$，通过计算欧氏距离，找到样本 x_j 的 ε- 邻域样本集 $N_\varepsilon(x_j)$，如果 $\left|N_\varepsilon(x_j)\right| \geqslant \text{MinPts}$，则样本 x_j 加入核心对象样本集合 $\Omega = \Omega \cup x_j$。

② 如果当前簇核心对象 $\Omega = \Phi$，则结束，否则转入步骤③。

③ 在核心对象集合 Ω 中，随机选择一个核心对象 h，初始化当前簇核心对象序列 $\Omega_{\text{cur}} = \{h\}$，初始化类别序号 $k = k + 1$，初始化当前簇样本集合 $C_k = \{h\}$，更新未访问的样本集合 $D = D - \{h\}$。

④ 如果当前簇核心对象 $\Omega_{\text{cur}} = \Phi$，则当前聚类簇 C_k 生成完毕，更新簇划分 $C = \{C_1, C_2, \cdots, C_k\}$，更新核心对象集合 $\Omega = \Omega - C_k$，转入步骤②。

⑤ 在当前簇核心对象序列 Ω_{cur} 中取出一个核心对象 h'，通过计算欧式距离及阈值 ε 找出所有的 ε- 邻域子样本集合 $N_\varepsilon(h')$，令 $\Delta = N_\varepsilon(h') \cap D$，更新当前簇样本集合 $C_k = C_k \cup \Delta$，更新未访问样本集合 $D = D - \Delta$，更新当前簇核心对象序列 $\Omega_{\text{cur}} = \Omega_{\text{cur}} \cup (\Delta \cap \Omega) - h'$，转入步骤④。直到所有对象都被

划分为某个簇或者被标记为噪声点，则聚类结束。输出：簇划分为
$C = \{C_1, C_2, \cdots, C_k\}$。

DBSCAN 算法的优点是聚类速度快、抗噪性能好、能发现任意形状的
聚类。其缺点是当数据量增大时，需要较大的内存；当数据点的密度不均
匀、类间距相差很大时，聚类效果很差。

6.3　Python 代码实现

本节介绍 K-means 算法及 DBSCAN 算法的 Python 代码实现。

实现 K-means 算法的逻辑是：利用 make_blobs 函数生成球状数据集，以可视化的方式寻找 k 值，然后构造聚类器，实现 K-means 算法。

实现 DBSCAN 算法的逻辑是：利用 make_moons 函数生成半环形数据集，首先用 K-means 算法对其进行聚类，然后用 DBSCAN 函数构造聚类器，实现 DBSCAN 算法。我们可以通过可视化的方式直观地看出 DBSCAN 算法对半环形数据集聚类的优势。

1．K-means 算法

```
#导入库
from sklearn.datasets import make_blobs
from sklearn.cluster import KMeans
import matplotlib.pyplot as plt

#生成数据集
X,Y=make_blobs(n_samples=1000,n_features=2,centers=4,cluster_std=
[1.0,3.0,2.0,2.0],random_state=1111)
plt.scatter(X[:,0],X[:,1]);
plt.show()

#可视化寻找准确的 k 值
distor =[]
for i in range(1,10):
    km = KMeans(n_clusters =i)
```

```
    km.fit(X,Y)
    distor.append(km.inertia_)
plt.plot(range(1,10),distor,marker='o')
plt.show()

# 构造聚类器
km = KMeans(n_clusters=4)
km.fit(X)
label_pred = km.labels_  # 获取聚类标签
# 绘制 K-means 结果
plt.scatter(X[label_pred == 0, 0],X[label_pred == 0, 1],s=20,
c='green', label='cluster_1')
    plt.scatter(X[label_pred == 1, 0],X[label_pred == 1, 1],s=20,
c='orange',label='cluster_2')
    plt.scatter(X[label_pred == 2, 0],X[label_pred == 2, 1],s=20,
c='blue',label='cluster_3')
    plt.scatter(X[label_pred == 3, 0],X[label_pred == 3, 1],s=20,
c='yellow',label='cluster_4')
    plt.scatter(km.cluster_centers_[:, 0],km.cluster_centers_[:,
1],s=100, marker='*', c='red',label='centroids')
    plt.legend(loc=2)
    plt.show()
```

各模块输出如下。

数据集可视化如图 6-2 所示。

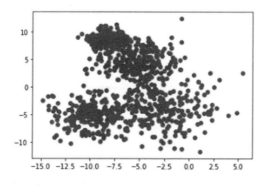

图 6-2

最佳聚类数目可视化如图 6-3 所示。

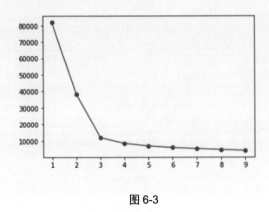

图 6-3

聚类分析可视化如图 6-4 所示。

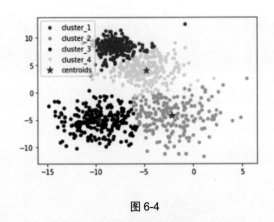

图 6-4

下面对代码中涉及的函数进行说明。

（1）make_blobs()主要参数说明。

n_samples：待生成的样本的总数，默认值为 100。

n_features：每个样本的特征数，默认值为 2。

centers：类别数，默认值为 3。

cluster_std：每个类别的标准差。

random_state：随机生成器的种子。

（2）K-means()主要参数说明。

n_clusters：生成的聚类数，即产生的质心（centroids）数。

max_iter：最大迭代次数，默认值为 300。

n_init：用不同的质心初始化值运行算法的次数。

init：指定初始化方法，有两个可选值：k-means++ 和 random，参数默认值为 k-means++。K-means：将初始中心彼此的距离设置得足够远（随机选取几个值作为初始中心，同时让这几个值相对分散，例如不能是 1、2、3，因为这 3 个数相对密集，而 10、20、30 这 3 个数相对分散），从而能加速迭代过程的收敛。random：随机选取初始质心；如果传递的是一个 ndarray，则应该形如 (n_clusters, n_features) 并给出初始质心。

precompute_distances：预计算距离，计算速度更快，但占用的内存更多。其有 3 个可选值：auto、True 或者 False。auto：如果样本数乘以聚类数的结果大于 12million，则不预计算距离。True：总是预先计算距离。False：永远不预先计算距离。

K-means 属性介绍如下：

cluster_centers_：聚类中心的坐标。

labels_：每个点的分类。

inertia_：每个点到其簇的质心的距离之和。

（3）可视化最佳聚类数目。

因为聚类分析属于无监督学习，所以数据集中没有标定过的真实分类标签。也就是说，不能用有监督学习中评估模型的技术来评估它。根据 K-means 算法的原理，我们可以知道，通过每个点到其簇的质心的距离之和可以对聚类结果进行有效评估。所以在寻找最佳 k 值时，我们用到了 inertia_。随着 k 值的增大，每个点到其簇的质心的距离之和就会减小。这是因为样本将接近它们被分配的质心。通过可视化结果可以得出，当 $k>4$ 时，每个点到其簇的质心的距离之和的下降速度变得平缓了。也就是说，每个点已经相对充分地聚集到其簇的质心附近了。

2. DBSCAN 算法

```
#导入库
from sklearn.datasets import make_moons
import matplotlib.pyplot as plt
from sklearn.cluster import KMeans
from sklearn.cluster import DBSCAN

#自建数据集
X, Y = make_moons(n_samples=1000, noise=0.05, random_state=10)
plt.scatter(X[:, 0], X[:, 1])
plt.show()

#用 K-means 测试
#寻找最佳 k 值（kmeans）
distor = []
for i in range(1, 11):
    km = KMeans(n_clusters=i,
            init='k-means++',
            n_init=10,
            max_iter=300,
            random_state=0)
    km.fit(X)
    distor.append(km.inertia_)
plt.plot(range(1, 11), distor, marker='o')
plt.xlabel('Number of clusters')
plt.ylabel('distor')
plt.show()
```

```
#K-means 聚类
km = KMeans(n_clusters=4)
label_pred = km.fit_predict(X)
plt.scatter(X[label_pred == 0, 0], X[label_pred == 0,
1],s=20,c='green',label='cluster_1')
plt.scatter(X[label_pred == 1, 0], X[label_pred == 1,
1],s=20,c='yellow',label='cluster_2')
plt.scatter(X[label_pred == 2, 0], X[label_pred == 2,
1],s=20,c='orange',label='cluster_3')
plt.scatter(X[label_pred == 3, 0], X[label_pred == 3,
1],s=20,c='black',label='cluster_4')
plt.scatter(km.cluster_centers_[:, 0], km.cluster_centers_[:,
1],s=100, marker='*', c='red', label='centroids')
plt.legend()
plt.show()

#DBSCAN 聚类
DBS= DBSCAN(eps=0.2, min_samples=5, metric='euclidean')
y_db = DBS.fit_predict(X)

#查看簇的个数
labels  = DBS.labels_
n_clusters_ = len(set(labels)) - (1 if -1 in labels else 0)
print('DBSCAN 聚类的簇个数：',n_clusters_)

#可视化
plt.scatter(X[y_db == 0, 0], X[y_db == 0, 1],c='lightblue',
marker='o', s=30,label='cluster_1')
plt.scatter(X[y_db == 1, 0], X[y_db == 1, 1],c='red', marker='s',
s=30,label='cluster_2')
plt.legend()
plt.show()
```

各模块输出如下。

数据集可视化如图 6-5 所示。

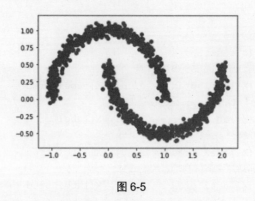

图 6-5

寻找最佳 k 值，最佳聚类类别可视化如图 6-6 所示。

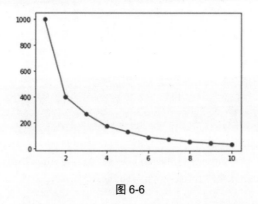

图 6-6

通过 K-means 算法聚类可视化（图中没有很清晰地聚类）如图 6-7 所示。

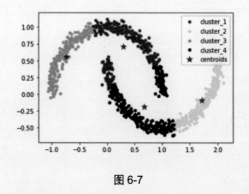

图 6-7

通过 DBSCAN 算法聚类的簇个数及可视化如图 6-8 所示。

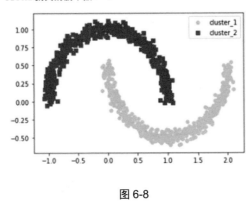

图 6-8

下面对上述代码中涉及的函数进行说明。

（1）make_moons()：生成半环形图，其参数介绍如下。

n_numbers：生成样本数量。

shuffle：是否打乱，类似于 random 参数。

noise：数据集是否加入高斯噪声，默认值为 False。

random_state：生成随机种子，能够保证每次生成的数据相同。

（2）DBSCAN()核心参数介绍如下。

eps：ε-邻域的距离阈值。

min_samples ：样本点要成为核心对象所需要的 ε-邻域的样本数阈值。

metric ：度量方式，默认值为 euclidean。

labels_：每个点所属集群的标签，−1 代表噪声点。

第 **7** 章

关联规则

对于关联规则，首先要从"啤酒与尿布"的故事说起。在美国有婴儿的家庭中，一般是母亲在家中照看婴儿，父亲去超市购买尿布。父亲在购买尿布的同时，往往会顺便为自己购买啤酒，这样就会出现啤酒与尿布这两件看上去不相干的商品经常会出现在同一个购物篮中的现象。如果这个父亲在超市只能买到两件商品之一，则他很有可能会放弃购物而去其他的超市，直到可以同时买到啤酒与尿布为止。沃尔玛公司发现了这一独特的现象，开始在超市中尝试将啤酒与尿布摆放在相同的区域中，让父亲们可以同时找到这两件商品，并很快地完成购物。沃尔玛超市可以让这些客户一次性购买两件商品，而不是一件，从而获得了更高的商品销售收入，这就是"啤酒与尿布"的故事。沃尔玛公司是怎么发现啤酒和尿布的这一关联关系的呢？因为啤酒和尿布在同一时间段中销售得都很好。那么，这种关联关系的内在计算过程及机理又是怎样的呢？当你读完本章就一目了然了。

关联规则属于一种基于规则的学习算法。这种算法可以利用一些度量的指标来挖掘数据库中存在的关联规则。关联规则主要是找到数据中类似 $X \to Y$ 这样的蕴含式。人们通过数据集中物品的交易数量来筛选出一些相关性强的物品。相关性强的物品要满足一定的要求，一是要满足物品在总的交易中达到一定的比例，二是两个相关性强的物品同时出现在一笔交易中的数量也要在所有的交易中达到一定的比例。在不知道或无法确定数据间的关联函数时，关联规则挖掘是发现该规律的有效手段。

如表 7-1 所示，事务数据表展现的是一个数据库中包含 5 条事务，每行都表示一条购物记录，其中 1 表示购买，而 0 表示不购买。 事务 1 购买了西瓜和牛奶，并没有购买苹果、香蕉和可乐。

表 7-1

事务 ＼ ID	苹果	香蕉	西瓜	牛奶	可乐
1	0	0	1	1	0
2	1	1	1	0	1
3	1	0	0	0	0
4	0	1	0	1	1
5	1	0	1	0	1

7.1 关联规则基础

项、项集、关联规则、支持度、可信度、最小支持度、最小可信度、频繁项集、非频繁项集及最大频繁项集是关联规则挖掘中基本的概念，下面具体介绍它们的含义。

（1）项：关联规则中最基本的组成元素。通俗地讲，项就是一个列字段。比如一个客户一次购买了很多商品，在数据库中，这个客户就生成了一条购买记录，每一个列名都是一个商品，这里的商品就是项，项是二值型属性。

（2）项集：顾名思义就是项的集合，描述的是一组项同时出现的情况。比如你同时购买了苹果和橘子，苹果和橘子的集合就是项集。

（3）关联规则：一种条件概率表达式，是由项集到项集的蕴含式。

（4）支持度：项集 X 的支持度即该项集出现的概率。假定 X 是一个项集，D 是一个集合或数据库，则称 D 中包含 X 的交易个数与 D 中总的交易个数之比为 X 在 D 中的支持度。D 的支持度被记作 $\sup(X)$。

以前文的事务数据表为例，设 $D = \{T_1, T_2, T_3, T_4, T_5\}$ 包含 5 个交易项集，其中：

$$T_1 = \{西瓜, 牛奶\}$$

$$T_2 = \{苹果,香蕉,西瓜\}$$

$$T_3 = \{苹果\}$$

$$T_4 = \{香蕉,牛奶,可乐\}$$

$$T_5 = \{苹果,西瓜,可乐\}$$

如果 $X = \{苹果,西瓜\}$，则在 D 中包含 X 的有 T_2 与 T_5 两个交易，此时，D 中总的交易个数为 5，故 X 在 D 中的支持度为 2/5×100%=40%。

进一步地讲，我们有关联规则 $X \to Y$ 的支持度，记作 $\sup(X \cup Y)$。此时，可以把 $X \cup Y$ 看作一个项集。

（5）可信度：对于形如 $X \to Y$ 的关联规则，其中，X 和 Y 都是项集。规则的可信度为在交易集合 D 中既包含 X 也包含 Y 的交易个数与仅包含 X 而不包含 Y 的交易个数之比，也可以说是项集 $X \cup Y$ 的支持度与 X 的支持度之比，即 $\sup(X \cup Y) \big/ \sup(X)$。规则 $X \to Y$ 的可信度被记作 $\operatorname{conf}(X \to Y)$。即：

$$\operatorname{conf}(X \to Y) = \frac{\sup(X \cup Y)}{\sup(X)}$$

事实上，可信度是指在出现了项集 X 的交易中，项集 Y 也同时出现的概率有多大。

支持度与可信度的范围都为 0~1。可信度是对关联规则的准确性的度量，表示规则的强度；支持度是对关联规则的重要性的度量，表示规则的频度。支持度说明了这条规则在所有事务中有多大的代表性，显然，支持度越大，关联规则越重要。有些关联规则的可信度虽然很高，但支持度很低，说明该关联规则不实用。反之，如果支持度很高，可信度很低，则说明该关联规则不可靠。如果不考虑关联规则的支持度和可信度，那么在数据库中会存在非常多的关联规则。事实上，人们一般只对那些满足一定的支持度和可信度的关联规则感兴趣。因此，为了发现有意义的关联规则，需要由用户给定两个基本阈值：最小支持度和最小可信度。

（6）最小支持度：一个由用户定义的衡量支持度的阈值，表示项集在统计意义上的最低重要性，记作 $\min \sup$ 。

（7）最小可信度：一个由用户定义的衡量可信度的阈值，表示规则的最低可靠性，记作 $\min \text{conf}$ 。

（8）频繁项集：对一个项集 X ，如果 X 的支持度不小于用户定义的最小支持度阈值，即 $\sup(X) \geqslant \min \sup$ ，则称 X 为频繁项集或大集。

（9）非频繁项集：对于一个项集 X ，如果 X 的支持度小于用户定义的最小支持度阈值，即 $\sup(X) < \min \sup$ ，则称 X 为非频繁项集或小集。

（10）最大频繁项集：如果某频繁项集不是其他任何频繁项集的子集，则可以说它是最大频繁项集。

7.2　关联规则算法

关联规则的挖掘过程主要包含两个阶段：第一阶段是发现事物集中的所有频繁项集；第二阶段是在频繁项集的基础上生成所有满足用户给定的最小可信度的关联规则。

在第一阶段由于产生的数据量巨大，所以具有很大的挑战性。其中，决定算法的优劣之处是效率问题，故大多数算法多集中在第一阶段上。第二阶段相对容易和直观。在频繁项集的基础上生成所有满足用户给定的最小可信度的关联规则，即对任何一个频繁项集 Z 和 Z 的所有非空子集 W，$W \subset Z$，如果 $\mathrm{sup}(Z) \big/ \mathrm{sup}(Z-W) \geq \min \mathrm{conf}$，则 $(Z-W) \to W$ 就是一条有效的关联规则。使用上述方法可以发现所有类似的规则。一旦知道了频繁项集的支持度，对于所有频繁项集 X，假定规则 $(X-Y) \to Y(Y \subset X)$ 匹配上了一个期望的最小可信度，形如 $(X-Y) \to Y$ 的规则就生成了。虽然第二阶段很简单，但仍然有很重要的研究内容，例如从大量的规则中找到有意义的规则。如果说第一阶段看重的是数量，那么第二阶段看重的就是生成的规则的质量。

下面给出一个例子来说明如何挖掘关联规则。假设 $I = \{x, y, z\}$，$U = \{T_1, T_2, T_3, T_4\}$，$T_1 = \{x, y\}$，$T_2 = \{x, z\}$，$T_3 = \{y, z\}$，$T_4 = \{x, y, z\}$，设定最小支持度 $\min \mathrm{sup} = 50\%$，最小可信度 $\min \mathrm{conf} = 90\%$。首先求出所有非空项集，并计算支持度。然后发现所有的频繁项集，即支持度大于或等于 50% 的项集。最后对 2 维以上的频繁项集计算其派生的所有规则的可信度。

如表 7-2 所示为各个非空项集的支持度，支持度大于或等于 50%的项集（即频繁项集）有 {x}、{y}、{z}、{x, y}、{x, z}。我们对频繁项集计算其派生的所有规则的可信度。

表 7-2

itemset	{x}	{y}	{z}	{x, y}	{x, z}	{y, z}	{x, y, z}
support	100%	75%	50%	75%	50%	25%	25%

$$\mathrm{conf}\left(\{x\}\to\{y\}\right)=\frac{\sup\left(\{x,y\}\right)}{\sup\left(\{x\}\right)}=\frac{75\%}{100\%}=75\%$$

$$\mathrm{conf}\left(\{y\}\to\{x\}\right)=\frac{\sup\left(\{x,y\}\right)}{\sup\left(\{y\}\right)}=\frac{75\%}{75\%}=100\%$$

$$\mathrm{conf}\left(\{x\}\to\{z\}\right)=\frac{\sup\left(\{x,z\}\right)}{\sup\left(\{x\}\right)}=\frac{50\%}{100\%}=50\%$$

$$\mathrm{conf}\left(\{z\}\to\{x\}\right)=\frac{\sup\left(\{x,z\}\right)}{\sup\left(\{z\}\right)}=\frac{50\%}{50\%}=100\%$$

所有大于最小可信度 90%的规则（即有效规则）有：$\{y\}\to\{x\}$ 和 $\{z\}\to\{x\}$。

1. Apriori 算法

Apriori 算法是挖掘产生布尔关联规则所需频繁项集的基本算法，它也是一个很有影响力的关联规则挖掘算法。在第 1 次扫描数据库时，计算数据库中所有单个项的支持度，并把大于最小支持度的项组成 1 维频繁项集，即 L_1。然后重复扫描数据集，在第 k 次扫描时生成长度为 k 的频繁项集，即 L_k；在第 $k+1$ 次扫描时，首先从 L_k 中生成长度为 $k+1$ 的候选集 C_{k+1}，在 C_{k+1} 中扫描时生成长度为 $k+1$ 的频繁项集，即 L_{k+1}，直到无新的频繁项集生成为止，最后的频繁项集集合为 $U_k L_k$。

为了提高按层次搜索并产生相应频繁项集的处理效率，Apriori 算法利用了一个重要性质，有效缩小了频繁项集的搜索空间，即**一个频繁项集中的任一子集也应是频繁项集**。

Apriori 算法的这个性质是根据以下观察而得出的结论。根据定义，若一个项集 I 不满足最小支持度阈值 s，那么该项集 I 就不是频繁项集，即 $P(I) < s$；若增加一个项 A 到项集 I 中，那么所获得的新项集 $I \cup A$ 在整个交易数据库中所出现的次数也不可能多于原项集 I 出现的次数，因此，$I \cup A$ 也不可能是频繁的，即 $P(I \cup A) < s$。这样就可以根据逆反公理（逆反命题）得出：若一个集合不能通过测试，则该集合的所有超集[1]也不能通过同样的测试。因此，很容易确定 Apriori 算法的这个性质成立。

为了解释清楚 Apriori 算法的这个性质是如何被应用到频繁项集的挖掘中的，这里以根据 L_{k-1} 来产生 L_k 为例，说明具体的应用方法。利用 L_{k-1} 来获得 L_k 主要包含两个步骤，即连接和删除步骤。

① 连接步骤：为了发现 L_k，可以将 L_{k-1} 中的两个项集相连接以获得一个 L_k 的候选项集 C_k。设 l_1 和 l_2 为 L_{k-1} 中的两个项集（元素），$l_i[j]$ 表示 l_i 中的第 j 个项；如 $l_i[k-2]$ 就表示 l_i 中的倒数第二项。为了方便，假设交易数据库中各交易记录中的各项均按字典排序。若 L_{k-1} 的连接操作为 $L_{k-1} \oplus L_{k-1}$，则它表示 l_1 和 l_2 中的前 $(k-2)$ 项是相同的。也就是说，若有 $(l_1[1]=l_2[1]) \wedge \cdots \wedge (l_1[k-2]=l_2[k-2]) \wedge (l_1[k-1]<l_2[k-1])$，则 L_{k-1} 中的 l_1 和 l_2 的内容就可以连接在一起，而条件 $(l_1[k-1]<l_2[k-1])$ 可以确保不产生重复的项集。

② 删除步骤：C_k 是 L_k 的一个超集，L_k 中的各元素（项集）不一定都

---

1 如果一个集合 S_2 中的每一个元素都在集合 S_1 中，并且集合 S_1 中可能包含 S_2 中没有的元素，则集合 S_1 就是 S_2 的一个超集。

是频繁项集，但所有的频繁 $k-$ 项集一定都在 C_k 中，$L_k \subseteq C_k$。扫描一遍数据库就可以决定 C_k 中各候选项集（元素）的支持频度，并由此获得 L_k 中各 s 个元素（频繁 $k-$ 项集）。所有频度不小于最小支持频度的候选项集就是属于 L_k 的频繁项集。然而，由于 C_k 中的候选项集有很多，如此操作所涉及的计算量是非常大的。利用 Apriori 算法的这个性质："一个非频繁 $(k-1)-$ 项集不可能成为频繁 $k-$ 项集的一个子集"，因此，若一个候选 $k-$ 项集中任一子集 $(k-1)-$ 项集不属于 L_{k-1}，那么，该候选 $k-$ 项集就不可能成为一个频繁 $k-$ 项集，所以也就可以将其从 C_k 中删去。

图 7-1 形象地展示了 Apriori 算法的实现过程，最小支持度为 20%。

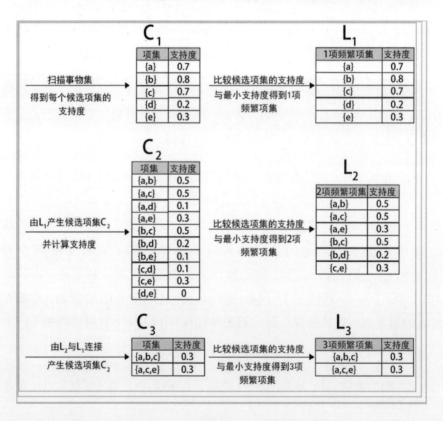

图 7-1

7.3　Python 代码实现

在使用 Python 代码实现之前，我们要引入一个"提升度"的概念。提升度表示在含有 X 的条件下同时含有 Y 的概率与在不含有 X 的条件下却含有 Y 的概率之比。

$$\text{lift}(X \to Y) = \frac{P(Y|X)}{P(Y)}$$

如果 $\text{lift}(X \to Y) \geqslant 1$，则规则"$X \to Y$"是有效的强关联规则；如果 $\text{lift}(X \to Y) \leqslant 1$，则规则"$X \to Y$"是无效的强关联规则。特别地，如果 $\text{lift}(X \to Y) = 1$，则表示 X 与 Y 相互独立，没有关系。我们可以看到，提升度其实是评价 X 与 Y 的关联强度的一个准则。

下面的数据集来源于美国加利福尼亚大学欧文分校的机器学习资源库，该数据集包含了 2010 年 12 月 12 日至 2011 年 12 月 9 日在英国注册的非商店在线零售的所有交易。

```
#导入库
from mlxtend.frequent_patterns import apriori   #提前安装 mlxtend, pip install mlxtend
from mlxtend.frequent_patterns import association_rules
import pandas as pd

#导入数据
df=pd.read_excel('http://archive.ics.uci.edu/ml/machine-learning-databases/00352/Online%20Retail.xlsx')
df.head()
```

```
#InvoiceNo：发票编号，如果此代码以字母"c"开头，则表示已取消
#StockCode：产品代码，唯一分配给每个不同产品的 5 位整数
#Description：产品名称描述
#Quantity：数量，每笔交易中每个产品的数量
#InvoiceDate：每笔交易生成的日期和时间
#UnitPrice：单价，单位为英镑
#CustomerID：客户编号
#Country：客户居住的国家/地区

#数据处理
df['Description'] = df['Description'].str.strip()   #删掉前后空格
df['InvoiceNo'] = df['InvoiceNo'].astype('str')
df = df[~df['InvoiceNo'].str.contains('C')]   #删掉包含 C 的发票编号

#提取所在地区是法国的交易，对交易数量进行汇总，同时将空值转为 0
basket = (df[df['Country'] =="France"]
        .groupby(['InvoiceNo', 'Description'])['Quantity']
        .sum().unstack().reset_index().fillna(0)
        .set_index('InvoiceNo'))

#在生成数据中大部分数据为 0，进行数据编码，将大于 0 的数据编码为 1
def encode_units(x):
    if x <= 0:
        return 0
    if x >= 1:
        return 1
basket_sets = basket.applymap(encode_units)

#关联规则提取
frequent_itemsets = apriori(basket_sets,
min_support=0.10,use_colnames=True)
    rules = association_rules(frequent_itemsets, metric="lift",
min_threshold=1)
    rules.head()

#进一步地，提取提升度大于 6，置信度大于 80%的规则
rules[ (rules['lift'] >= 6) &
       (rules['confidence'] >= 0.8) ]
```

原数据集输出的前 5 行结果如图 7-2 所示。

	InvoiceNo	StockCode	Description	Quantity	InvoiceDate	UnitPrice	CustomerID	Country
0	536365	85123A	WHITE HANGING HEART T-LIGHT HOLDER	6	2010-12-01 08:26:00	2.55	17850.0	United Kingdom
1	536365	71053	WHITE METAL LANTERN	6	2010-12-01 08:26:00	3.39	17850.0	United Kingdom
2	536365	84406B	CREAM CUPID HEARTS COAT HANGER	8	2010-12-01 08:26:00	2.75	17850.0	United Kingdom
3	536365	84029G	KNITTED UNION FLAG HOT WATER BOTTLE	6	2010-12-01 08:26:00	3.39	17850.0	United Kingdom
4	536365	84029E	RED WOOLLY HOTTIE WHITE HEART.	6	2010-12-01 08:26:00	3.39	17850.0	United Kingdom

图 7-2

关联规则输出的前 5 行结果如图 7-3 所示。

	antecedents	consequents	antecedent support	consequent support	support	confidence	lift	leverage	conviction
0	(POSTAGE)	(LUNCH BAG APPLE DESIGN)	0.765306	0.125000	0.104592	0.136667	1.093333	0.008929	1.013514
1	(LUNCH BAG APPLE DESIGN)	(POSTAGE)	0.125000	0.765306	0.104592	0.836735	1.093333	0.008929	1.437500
2	(POSTAGE)	(LUNCH BAG RED RETROSPOT)	0.765306	0.153061	0.122449	0.160000	1.045333	0.005310	1.008260
3	(LUNCH BAG RED RETROSPOT)	(POSTAGE)	0.153061	0.765306	0.122449	0.800000	1.045333	0.005310	1.173469
4	(POSTAGE)	(LUNCH BAG WOODLAND)	0.765306	0.117347	0.102041	0.133333	1.136232	0.012234	1.018446

图 7-3

提升度大于 6，置信度大于 80%的规则输出结果如图 7-4 所示。

	antecedents	consequents	antecedent support	consequent support	support	confidence	lift	leverage	conviction
38	(SET/6 RED SPOTTY PAPER PLATES)	(SET/20 RED RETROSPOT PAPER NAPKINS)	0.127551	0.132653	0.102041	0.800000	6.030769	0.085121	4.336735
40	(SET/6 RED SPOTTY PAPER PLATES)	(SET/6 RED SPOTTY PAPER CUPS)	0.127551	0.137755	0.122449	0.960000	6.968889	0.104878	21.556122
41	(SET/6 RED SPOTTY PAPER CUPS)	(SET/6 RED SPOTTY PAPER PLATES)	0.137755	0.127551	0.122449	0.888889	6.968889	0.104878	7.852041
42	(POSTAGE, SET/6 RED SPOTTY PAPER PLATES)	(SET/6 RED SPOTTY PAPER CUPS)	0.107143	0.137755	0.102041	0.952381	6.913580	0.087281	18.107143
43	(POSTAGE, SET/6 RED SPOTTY PAPER CUPS)	(SET/6 RED SPOTTY PAPER PLATES)	0.117347	0.127551	0.102041	0.869565	6.817391	0.087073	6.688776
46	(SET/6 RED SPOTTY PAPER PLATES)	(POSTAGE, SET/6 RED SPOTTY PAPER CUPS)	0.127551	0.117347	0.102041	0.800000	6.817391	0.087073	4.413265

图 7-4

以上代码涉及的函数说明如下。

- apriori()

min_support：最小支持度。

use_colnames：是否显示列名。

- association_rules()

df：Apriori 计算后的频繁项集。

metric：可选值，其中，比较常用的就是置信度和支持度。

min_threshold：提升度最小阈值。

第 **8** 章

人工神经网络

人工神经网络的思想来源于人类对自身的探索，即对人脑认知能力的研究和模仿。人工神经网络的理论与相关技术就是为了实现人脑认知能力而发展出来的。

8.1　人工神经网络基础

人工神经网络起源于生理学和神经生物学中有关神经细胞计算本质的研究工作。大脑是我们认知范围内最精细、最复杂、最完美的"信息处理系统"，人工神经网络是人类在对生物神经网络理解的基础上构造出类似于生物神经网络的架构，以实现某种功能。生物神经网络中最基本的成分是神经元，神经元的主要功能是接收输入信息和传递信息。神经元通过输入神经接收来自体内外环境变化的刺激信息，并对这些信息加以分析、综合和存储，再经过输出神经把输出信息传递到其所支配的器官和组织，产生调节和控制效应。具体地讲，神经元从树突接收输入信息，经过分析和处理后再将输出信息通过轴突向外传播。多个神经元的有机组合就构成了生物神经网络，如图 8-1 所示。

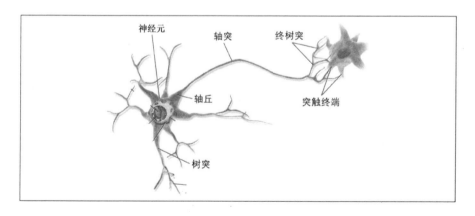

图 8-1

相应地，人工神经网络（以下简称神经网络）的工作方式是通过大量神经元间的相互作用来实现信息处理的。在一组相互连接的输入和输出神经元中，这些神经元之间的每个连接都关联一个权重。在神经网络学习阶段，神经网络通过调整权重来实现输入样本与其相应（正确）类别的对应。一个神经网络主要由神经元、层和网络 3 个部分组成。整个神经网络包含一系列基本的神经元，它们通过权重相互连接。这些神经元以"层"的方式被组织起来，每一层的每个神经元连接前一层和后一层的神经元。层一般分为 3 类，分别是输入层、隐藏层和输出层，如图 8-2 所示。

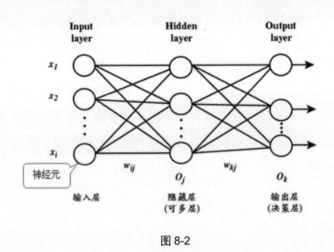

图 8-2

我们再来看一下神经网络的基本单元——神经元，如图 8-3 所示。神经网络由多个神经元组成，对于一个神经元，当接收来自第 i 个神经元的输入信息时，从上一层连接的神经元得到 n 个输入变量 $x_1, x_2, \cdots, x_n$，每个输入变量附加一个权重 $\omega_1, \omega_2, \cdots, \omega_n$。输入变量将依照不同的权重加以合并（一般是加权总和），连接成组合函数。组合函数的值被称为电位。将电位与神经元的阈值 θ 进行比较，然后启动（转换/激活）函数，将电位转换成输出信息。

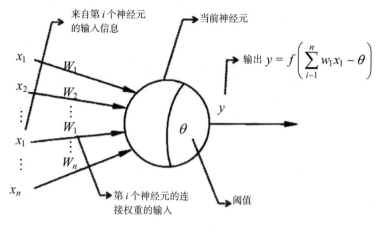

来自第 i 个神经元
的输入信息

当前神经元

输出 $y = f\left(\displaystyle\sum_{i-1}^{n} w_1 x_1 - \theta\right)$

x_1　W_1

x_2　W_2

x_1　W_1

W_n

x_n

θ

y

第 i 个神经元的连
接权重的输入

阈值

图 8-3

在神经网络中，激活函数 f 负责将神经元接收的输入信息总和转换成输出信息，但是生物神经网络在处理外部输入信息时，输出信息是有极限的，以防因为输出信息过强而造成对神经元的伤害。因此，神经网络在选取启动函数时，不能使用传统的线性函数，通常可以使用兼具正向收敛与负向收敛的函数。

下面介绍两种典型的激活函数：tanh 函数和 ReLU 函数。

（1）tanh 函数

tanh（双曲正切）函数可以将元素的值变换到[-1 和 1]区间中。函数定义为：

$$\tanh(x) = \frac{1 - \exp(-2x)}{1 + \exp(-2x)}$$

当输入接近 0 时，tanh 函数接近线性变换。虽然该函数的形状和 Sigmoid 函数的形状很像，但 tanh 函数在坐标系的原点上对称，如图 8-4 所示。

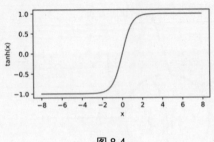

图 8-4

与 Sigmoid 函数一样，tanh 函数是非线性的，同时，其输出值在一个范围内，这意味着它不会输出无穷大的值。当然，它会出现梯度（导数）消失的情况。当输入值接近正无穷或负无穷时，tanh 函数的输出值几乎为 0。在这两种极端的情况下，函数对应的梯度很小，甚至消失了。这样的话，即使第一层的参数有很大的变化，也不会对输出值有太大的影响。换句话讲，就是神经网络不再"学习"了。tanh 函数的另一个弊端就是在实际应用中运算开销太大。

（2）ReLU 函数

通过 ReLU（Rectified Linear Unit）函数可以进行很简单的非线性变换。给定元素后，该函数的定义为：

$$\mathrm{ReLU}(x) = \max(x, 0)$$

我们可以看出，ReLU 函数只保留正数元素，并将负数元素清零，如图 8-5 所示。

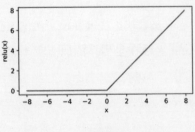

图 8-5

ReLU 函数比 Sigmoid 函数和 tanh 函数的运算速度都快。除此以外，RelU 函数还因为避免了梯度消失问题而闻名。然而，ReLU 函数有一个致命的缺点："ReLU 坏死"，即网络中的神经元由于无法在正向传播中起作用而永久"死亡"。更确切地说，当神经元在向前传插信息中激活函数的输出值为 0 时，就会出现这个问题，这导致它的权重将得到 0 梯度。因此，当我们进行反向传播时，神经元的权重值将永远不会被更新，而特定的神经元将永远不会被激活。

同时，由 ReLU 函数生成的无界值可能会使神经网络内的计算在没有合理的权重的情况下发生数值爆炸。因此，在反向传播期间，权重在错误方向上的轻微变化都会在正向传播过程中显著放大激活值。如此一来，神经网络的学习过程可能就非常不稳定。8.2 节会介绍关于传播方向的知识。

8.2　BP（误差逆传播前馈）神经网络

其实，把多个神经元按一定的层次结构连接起来，就得到了神经网络。从网络架构上看，神经网络可以分为前馈神经网络和反馈神经网络。BP神经网络属于误差逆传播前馈神经网络。BP 神经网络的主要优势是具有很强的非线性映射能力，从理论上来说，多层 BP 神经网络可以模拟任何函数。

BP 神经网络是迄今为止最成功的神经网络学习算法之一。它是一种逆传播误差，通过不断调整权重，直到达到期望误差的多层前馈神经网络。BP 神经网络的结构由输入层、隐藏层和输出层组成。输入层和输出层固定，分别表示信息的输入和输出结果。隐藏层可以有很多层，每一层可以有数量不等的神经元。相邻层之间的神经元以全连接的方式被连接在一起，每一个连接对应一个权重。BP 神经网络以监督学习的方式学习，当训练信息从输入层被传播进入神经网络时，会依次与对应权重相连接来计算下一层的神经元值，然后依次传播到下一层，直至输出层。在输出层求得实际输出值和期望结果间的误差，并按梯度下降算法在梯度最大方向上更新权重，并将误差依次向前传播至输入层，完成一次权重的更新。

具体地说，BP 神经网络通过不断处理一个训练样本集，并将网络处理结果与每个样本的已知类别相比较来获得误差，以此来帮助网络完成学习任务。对于每个训练样本，BP 神经网络不断修改权重以使网络输出值与实际类别之间的均方差最小。权重的修改是以逆传播方式进行的，即从输出层开始，通过最后一个隐藏层，直至第一个隐藏层。

1．BP 神经网络架构

BP 神经网络架构如图 8-6 所示，具体介绍如下。

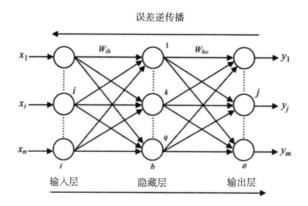

图 8-6

（1）输入层 i：输入向量 $\boldsymbol{x} = (x_1, x_2, \cdots, x_n)$，输入层与隐藏层的连接权重为 w_{ih}。输入层就是由输入的数据集所构成的向量集合。

（2）隐藏层 h：输入向量 $\boldsymbol{h}_i = (h_{i1}, h_{i2}, \cdots, h_{in})$，输出向量 $h_o = (h_{o1}, h_{o2}, \cdots, h_{on})$，阈值为 b_h，隐藏层与输出层的连接权重为 w_{ho}，激活函数为 f（Logistic函数）。隐藏层可以是一层也可以是多层，它的输入是上一层的输出值和权重的组合，它的输出是该组合与激活函数的计算结果。

（3）输出层 o：输入向量 $\boldsymbol{y}_i = (yi_1, yi_2, \cdots, yi_n)$，输出向量 $y_o = (y_{o1}, y_{o2}, \cdots, y_{on})$，阈值为 b_o。输出层只有一层，它的输入是上一层的输出值与权重的组合，输出层的计算与隐藏层的计算相同，输出结果是最终预期的分类结果。

（4）期望输出（分类结果）：$\boldsymbol{d}_o = (d_1, d_2, \cdots, d_n)$，BP 神经网络的每一层都会计算与预期结果的误差，并以逆传播的方式将误差传递到上一层，修正上一层的权重。

2. BP 神经网络训练过程

（1）正传播过程。

输入信息通过输入层、隐藏层，最后到输出层，逐层传播并计算每层神经元的实际输出值：

$$bpn = w^\mathrm{T}o + b$$

在上式中，w 是各层权重向量，bpn 是上一层的输出向量，对于输入层就是训练集 x，b 是阈值。

激活函数为：

$$f(bpn) = \frac{1}{1 + e^{-bpn}}$$

其中：

隐藏层的节点输入是 $h_i = w_{ih}x_i + b_h$

隐藏层的节点输出是 $h_o = f(h_i)$

输出层的节点输入是 $y_i = w_{h_o}h_o + b_o$

输出层的节点输出是 $y_o = f(y_i)$

（2）计算实际输出值与期望输出值的误差。

下面计算实际输出值与期望输出值的误差，并判断这个误差是否高于某个阈值，如果高于某个阈值，则进行误差逆传播。

误差向量为：$error = d_o - y_o$

全局误差函数为：$f_{error} = \frac{1}{2}\sum(d_o - y_o)^2$

（3）计算逆传播过程

若要在正传播过程中能得到期望的输出值，则需要逐层计算实际输出值与期望输出值的误差，并根据误差调整权重（求梯度）：

$$f'\left(bpn\right) = \frac{1}{1 + e^{-bpn}} - \frac{1}{\left(1 + e^{-bpn}\right)^2}$$

① 输出层误差：计算误差逆传播的输出层的梯度和微分，可以用于更新输出层的权重，输出层的微分形式如下：

$$\frac{\partial e}{\partial w_{ho}} = \frac{\partial e}{\partial yi} \cdot \frac{\partial yi}{\partial w_{ho}}$$

重点来了，下面对等式的右边进行推导。

其中，对左项进行推导得到：

$$\begin{aligned}
\frac{\partial e}{\partial yi} &= \frac{\partial\left(\dfrac{1}{2}\sum(do - yo)^2\right)}{\partial yi} \\
&= -(do - yo) \cdot yi' \\
&= -(do - yo) \cdot f'(yi) \hat{=} -\delta o
\end{aligned}$$

对右项进行推导得到：

$$\frac{\partial yi}{\partial w_{h_o}} = \frac{\partial\left(w_{ho}ho - bo\right)}{\partial w_{h_o}} = h_o$$

合并，有：

微分：$\dfrac{\partial e}{\partial w_{h_o}} = -\delta o \cdot h_o$

梯度：$\delta o = \left(d_o - y_o\right) \cdot f'(y_i)$

② 隐藏层误差：计算误差逆传播的隐藏层的梯度与微分，可以用于更新隐藏层的权重。误差如下形式：

$$\frac{\partial e}{\partial w_{hi}} = \frac{\partial e}{\partial hi} \cdot \frac{\partial hi}{\partial w_{hi}}$$

与输出层相同，下面将等式的右边进行推导。

其中，对左项进行推导得到：

$$\frac{\partial e}{\partial hi} = \frac{\partial \left(\frac{1}{2}\sum(do-yo)^2\right)}{\partial ho} \cdot \frac{\partial ho}{\partial hi}$$

$$= \frac{\partial \left(\frac{1}{2}\sum(do-f(yi))^2\right)}{\partial ho} \cdot \frac{\partial ho}{\partial hi}$$

$$= -\delta o w_{hi} f'(hi) \hateq -\delta h$$

对右项进行推导得到：

$$\frac{\partial hi}{\partial w_{hi}} = \frac{\partial \left(w_{hi}x - bi\right)}{\partial w_{hi}} = x$$

合并，有：

微分：$\quad \dfrac{\partial e}{\partial w_{hi}} = -\delta h \cdot x$

梯度：$\quad \delta h = \left(\delta o \cdot w_{hi}\right) \cdot f'(hi)$

（4）修正各层的权重

利用各层神经元的梯度和微分修正连接的权重。

更新输出层：

$$w^{N+1}{}_{ho} = w^{N}{}_{ho} + \eta \delta o \cdot ho$$

更新隐藏层：

$$w^{N+1}{}_{hi} = w^N{}_{hi} + \eta\delta h \cdot x$$

其中，N 表示迭代次数，η 表示步长。

其实，我们可以把 BP 神经网络的工作流程简化地理解为：对于每个训练样本，首先将输入样本及初始化的参数提供给输入层的神经元，然后逐层将信息往输出层方向传播，直到输出层输出结果；接着计算输出层的误差，再将误差逆传播至隐藏层的神经元；最后根据隐藏层的神经元的误差来对连接权重和阈值进行调整。该迭代过程循环进行，直到达到某些停止条件为止，例如训练误差已达到一个很小的值。

BP 神经网络具有很好的拟合非线性映射的能力，从理论上来说，对于一个含有多个隐藏层的 BP 神经网络，只要网络层数够多，该 BP 神经网络就能模拟任意精度的非线性函数。另外，BP 神经网络具有信息短暂记忆的功能，这是因为在 BP 神经网络中，神经元间的计算是并行的。BP 神经网络只需要预先在带有正确标签的信息中训练，便可在带有噪声的复杂信息中学习数据的分布规律。这样的特性使其在图像复原、语言处理、模式识别等方面都有重要的应用。

当然，BP 神经网络也存在着缺点：多层非线性网络往往会受到函数局部最优解的干扰，学习过程是否陷入局部最优解，还与网络参数的初始化有着密切关系。一旦 **BP 神经网络陷入局部最优解，则其通常得不到一个正确的结果。为了解决这个问题，可以重复多次初始化 BP 神经网络并重新训练该网络，或者采用随机梯度下降算法更新 BP 神经网络，以最大的努力避免其陷入局部最优解。**BP 神经网络的结构也会对整体网络的学习能力产生一定的影响。神经元数量太少会导致网络的学习能力太差，以及学习能力不足。网络过于复杂又会引起网络的学习过程漫长及过拟合问题，导致在预测新的数据时泛化能力不足。

8.3 Python 代码实现

1. 代码实现

数据集选用 sklearn 函数自带的 digits 手写字体。我们需要对其进行识别，代码如下所示。

```python
#导入库
import numpy as np
from sklearn.datasets import load_digits
from sklearn.preprocessing import LabelBinarizer
from sklearn.model_selection import train_test_split
from sklearn.metrics import classification_report,
confusion_matrix
from sklearn.neural_network import MLPClassifier
import matplotlib.pyplot as plt
# 加载数据并查看
digits = load_digits()
print (digits.images.shape)    #1797 个样本，每个样本包括 8*8 像素的图片
# 图片展示
plt.imshow(digits.images[0], cmap='gray')
plt.show()
#查看数据集属性
print('数据集大小:',digits.data.shape )    #data 中的图片数据是 1 行 64 列，
其实就是将 8 像素×8 像素的图片按行展开
print('数据集中的键:',digits.keys())
print('一张图片的数据:',digits.data[0])
print( 'target:',digits.target[0:50])    #target 是 0～9 的数字
print( 'images:',digits.images[0])        #image 中有多个二维数组，每个二
维数组就是一个数据
    #分割数据集
```

```
    X = digits.data
    Y = digits.target
    X_train, X_test, Y_train, Y_test = train_test_split(X, y,
random_state=3)
    #模型搭建
    cls = MLPClassifier(activation='relu', alpha=1e-05,
batch_size='auto', beta_1=0.9,
        beta_2=0.999, early_stopping=False, epsilon=1e-08,
        hidden_layer_sizes=(100, 100), learning_rate='constant',
        learning_rate_init=0.001, max_iter=200, momentum=0.9,
        nesterovs_momentum=True, power_t=0.5, random_state=1,
shuffle=True,
        solver='lbfgs', tol=0.0001, validation_fraction=0.1,
verbose=False,
        warm_start=False)
    cls.fit(X_train,Y_train)
    #模型评估
    predictions = cls.predict ( X_test )
    print ( confusion_matrix ( Y_test,predictions ) )
```

2. 各代码块运行输出

查看数据集图片，如图 8-7 所示。

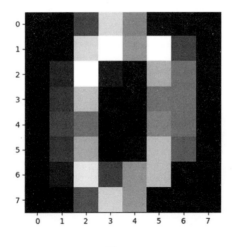

图 8-7

查看数据集属性，如下所示。

```
(1797, 8, 8)
数据集大小：(1797, 64)
数据集中的键：dict_keys(['data', 'target', 'target_names', 'images',
'DESCR'])
一张图片的数据：[ 0.  0.  5. 13.  9.  1.  0.  0.  0.  0. 13. 15. 10. 15.
5.  0.  0.  3.
  15.  2.  0. 11.  8.  0.  0.  4. 12.  0.  0.  8.  8.  0.  0.  5.  8.  0.
   0.  9.  8.  0.  0.  4. 11.  0.  1. 12.  7.  0.  0.  2. 14.  5. 10. 12.
   0.  0.  0.  0.  6. 13. 10.  0.  0.  0.]
target: [0 1 2 3 4 5 6 7 8 9 0 1 2 3 4 5 6 7 8 9 0 1 2 3 4 5 6 7 8
9 0 9 5 5 6 5 0
  9 8 9 8 4 1 7 7 3 5 1 0 0]
images: [[ 0.  0.  5. 13.  9.  1.  0.  0.]
 [ 0.  0. 13. 15. 10. 15.  5.  0.]
 [ 0.  3. 15.  2.  0. 11.  8.  0.]
 [ 0.  4. 12.  0.  0.  8.  8.  0.]
 [ 0.  5.  8.  0.  0.  9.  8.  0.]
 [ 0.  4. 11.  0.  1. 12.  7.  0.]
 [ 0.  2. 14.  5. 10. 12.  0.  0.]
 [ 0.  0.  6. 13. 10.  0.  0.  0.]]
```

模型搭建如下所示。

```
MLPClassifier(activation='relu', alpha=1e-05, batch_size='auto',
beta_1=0.9,
        beta_2=0.999, early_stopping=False, epsilon=1e-08,
        hidden_layer_sizes=(100, 100), learning_rate='constant',
        learning_rate_init=0.001, max_iter=200, momentum=0.9,
        n_iter_no_change=10, nesterovs_momentum=True, power_t=0.5,
        random_state=1, shuffle=True, solver='lbfgs', tol=0.0001,
        validation_fraction=0.1, verbose=False, warm_start=False)
```

模型评估如下所示。

```
[[55  0  0  0  0  0  0  0  0  0]
 [ 0 44  0  0  0  0  0  0  2  1]
 [ 0  0 45  1  0  0  0  0  0  0]
 [ 0  0  1 47  0  0  0  0  0  0]
 [ 0  0  0  0 53  0  0  1  0  1]
```

```
[ 0  1  0  0  1 34  0  1  0  4]
[ 0  1  0  0  0  0 34  0  1  0]
[ 0  0  0  0  0  0  0 49  0  0]
[ 0  0  0  0  0  1  0  0 39  0]
[ 0  0  0  0  0  0  0  0  0 33]]
```

3. 模型涉及参数解释

下面主要介绍 MLPClassifier()函数涉及的参数：

activation：激活函数的类型{'logistic', 'tanh', 'relu'}，默认为'relu'。

hidden_layer_sizes：第 i 个元素表示第 i 个隐藏层的神经元的个数。 默认为（100），表示 1 个隐藏层含有 100 个神经元。

solver：最优化算法的类型（用来优化权重），其中包括 lbfgs、sgd、adam，默认为 adam。

- lbfgs：伪牛顿算法，对于小规模数据集，使用此种算法较好。
- sgd：随机梯度下降。
- adam：对于相对较大的数据集，使用此种算法较好。

alpha：float 型，可选，默认为 0.0001，表示正则化项参数。

batch_size：可选，默认为 auto，表示随机优化的最小批量的大小。当将其设置成 auto 时，batch_size=min(200,n_samples)。

learning_rate ：学习速率（用于权重的更新），其中包括 constant、invscaling、adaptive，默认为 constant。

- constant: 给定的恒定学习率。
- incscaling：随着时间 t 不断降低学习率。
- adaptive：只要训练损耗在下降，就保持学习率不变，当连续两次不能降低训练损耗或验证分数停止升高且至少为 tol 时，将当前学习率除以 5。

max_iter：默认为 200，表示最大迭代次数。

random_state：默认为 None，表示随机数生成器的状态或种子。

shuffle：bool，可选，默认为 True，只有当 solver='sgd'或者'adam'时使用，用来判断是否在每次迭代时对样本进行清洗。

tol：float，可选，默认为 1e-4，表示优化的容忍度。

learning_rate_int：double，可选，默认为 0.001，表示初始学习率，用来控制更新权重的补偿，只有当 solver='sgd'或'adam'时使用。

power_t：double，optional，default 0.5，只有当 solver='sgd'时使用，用来更新有效学习率。

第 **9** 章
集成学习

9.1　集成学习基础

在一个传统的机器学习任务中，面对不同的数据，我们会采用不同的模型。在面对回归任务时，我们可能会采用简单的线性回归，以保证模型的可解释性，但随着特征的增多，简单的线性回归往往会出现多重共线性的问题。接下来，我们会尝试使用多项式回归来解决数据的微弱的非线性倾向，但这样的回归方式也不能处理复杂的非线性关系，而且随着特征的增多，多项式会变得非常臃肿。同样，在面对分类任务时，我们可能考虑使用朴素贝叶斯的方法，但它的假设太过简单，从理论上来讲，其无法处理特征之间存在相关性的数据。我们也可能会考虑使用逻辑回归，它具备概率的框架，还具备很好的解释性，但对于特征空间线性不可分的数据，往往会无能为力。我们还可能会考虑用决策树模型解决问题，但决策树在面对多个输出结果且特征间存在复杂关系时，其泛化性能也会不佳。

可以看出，没有任何一个模型可以胜任全部的机器学习任务。我们会很自然地想到，面对同一个任务，可不可以将不同的模型结合起来，以达到想要的效果呢？比如，分类器 A 对于某些样本预测失误，但分类器 B 可以将这些样本预测正确，将分类器 A 和分类器 B 结合起来，就好像在面对很多科目的考试，让数学成绩好的人去做数学试卷，让语文成绩好的人去做语文试卷，如果只让一个人去做全部的试卷，那么考试总分数会很低，但把他们结合在一起，就有望达到我们想要的效果。

假设你随机向几千个人询问一个复杂的问题，然后汇总他们的回答。在许多情况下，你会发现，这个汇总的回答会比专家的回答还要好。这被称为群体智慧。同样，如果你聚合一组预测器（比如分类器或回归器）的预测结果，则得到的预测结果也会比最好的单个预测器的预测结果要好。这样聚合一组预测器，我们称为集成，所以这种技术也被称为集成学习。

集成学习是研究如何将多个分类器的预测结果融合，从而得到更优的预测结果。具体来说，对于同一个分类问题，集成学习可以得到多个弱分类器，将这些弱分类器的预测结果用一定的方法结合起来做最终预测，最终的预测结果比单个分类器的预测结果更优。

随着计算机智能和机器学习受到的关注越来越多，集成学习以其用途广泛且高效著称。集成学习最初被用于减少方差，从而提高自动决策系统的准确性。如今，集成学习已经被广泛用于解决各种机器学习问题。

在集成学习的分类器的构造过程中，关于基分类器（单独的一个分类器）的设计主要从两个方面着手：一方面是生成；另一方面是组合。

（1）基分类器的生成

①基分类器的生成方法

集成学习的分类器的性能关键在于两个方面：一方面，在一定范围内，基分类器的性能要略好，这样能保证甚至提高集成后的基分类器的精确度。另一方面，确保基分类器之间的多样性，使系统组合具有较大的差异。

② 基分类器的生成过程

- 重复抽取训练集中的样本。运用这种方法的算法主要有 Bagging 和 Boosting，而大部分学者也把研究方向较多地集中在这两种算法上。该方法主要通过对原始数据集进行重采样，从而得到多种不一样的训练集，然后运用分类方法学习来生成有差异的基分类器，并集成得到最终的结果。

- 处理样本的输入特征。该方法是指采用随机产生、特征选择或者特征提取方法得到不同的特征向量子空间，然后在这些不同的特征向量子空间上训练基分类器。该方法既可以去除数据集中的冗余特征和噪声特征，提高基分类器的性能，又能在一定程度上达到"降维"的目的，降低基分类器的复杂度。

- 分类器的模型参数选择。在使用算法对样本进行学习时，参数的选择不同，生成的基分类器的效果也不同，如聚类算法里的 k 值和距离度量对邻近算法的分类结果有影响等。因此，选择合适的模型参数可以提升基分类器的性能。

- 重构基分类器的输出结果。其主要思想是根据基分类器最后得到的类标号，采用某种编码处理，从而获得新的结果。

- 组合不同类型的基分类器。组合不同类型的基分类器包括同构集成和异构集成。同构集成是指由相同的分类方法生成的基分类器结合形成的系统；异构集成则与其不同，它是由不同的分类方法生成的基分类器结合形成的系统，这些方法可以是决策树等方法。

（2）基分类器的组合

- 多数投票法。该方法是指参与集成的每个基分类器都参与最终结果投票且都是等值票数，最后统计得票数最高的类标号即是分类结果。设 V_j 表示输出结果是第 j 类标号的基分类器的数量，那么，最后结果的判定函数 $f(x)$ 可以用以下公式来表达：

$$f(x) = \arg\max(V_j)$$

- 加权投票法。该方法是指通过给予参与集成的基分类器不一样的决策权重，从而用投票决定最后结果。而上文所提到的多数投票法是加权投票法的特殊个例。设 $h_m(m = 1, 2, \cdots, M)$ 表示第 m 个基分类器的判定函数，$w_m(m = 1, 2, \cdots, M)$ 表示每个基分类器所对应的权重，那么，最后判定函数 $f(x)$ 可以用以下公式来表示：

$$f(x) = \text{sign}\left(\sum_{i=1}^{m} w_i h_i(x)\right)$$

- 选择法。从训练得到的所有成员分类器中筛选出被认为是最恰当的一个或几个基分类器并进行结合，然后删除剩余的冗余分类器。同时还要用其他结合方法输出最终结果。
- 叠加法。该方法是指下一阶段进行训练的输入由上一阶段的输出来决定，以便后面的归纳过程能尽量多地利用上一阶段的训练。在实际应用中，大部分叠加法选用两层框架结构。其中，第一层用来存放各个基分类器，第二层是元层，用来输出最后结果。

9.2　集成学习算法

Breiman 在 1996 年提出了 Bagging（自助聚集）算法，这是一种利用多个分类器生成聚合分类器的方法，其通常利用投票的方式决策。2001 年，Breiman 提出了随机森林算法，其核心思想与 Bagging 算法的思想一致。

Freund 在 1998 年提出了一种迭代类的集成学习算法——AdaBoost，其将弱分类器经过多次迭代变成提前设置好精度的强分类器。Bagging 算法与 AdaBoost 算法的区别是，Bagging 算法是对结果的集成，AdaBoost 算法是对学习过程的集成。

在低噪声情况下，AdaBoost 算法具有良好的性能，因为它能够优化整个学习过程而不会过拟合。但在高噪声情况下，一般算法会对分类错误的样本给予更高的权重，进而发生过拟合的情况。Bagging 算法在有噪声和无噪声情况下均表现良好，因为它们专注于统计学习而并非噪声增加的问题。

1. Bagging 算法

为了解决小样本试验评估问题，1977 年，统计学教授 Efron 提出了 Bootstrap 算法，这是一种通过重采样扩展数据集的统计学习方法。它的基本思想就是对数据集不停地重采样，然后组成多个数据集，以用来增加样本容量。这种重采样的思想后来被广泛应用。Bagging 算法与 Bootstrap 算法类似，它也是通过重采样得到多个数据集，并通过训练得到多个分类器的。具体过程如下。

（1）将数据集随机分组，得到训练集 S 和测试集 R。

（2）使用 Bootstrap 算法从训练集 S 中得到样本集 S_B，并用样本训练得到分类器。重复该过程 50 次，即可得到多个分类器 $\phi_1(x), \phi_2(x), \cdots, \phi_{50}(x)$。

（3）对于测试集样本 R_B，用这 50 个分类器 $\phi_1(x), \phi_2(x), \cdots, \phi_{50}(x)$ 分别输出预测标签，然后采用投票方式，给出样本最终的类别判断。

在 Bagging 算法中，采样过程是有放回地从样本集中采样，故而可能在同一个训练集中有多个相同的样本，也可能有的样本基本没有存在。由于抽中每个样本的概率是一样的，因此 Bagging 算法对训练集中存在的指定实例没有偏重。同时，Bagging 算法在一定程度上类似于对不稳定点进行了"平滑处理"，故而能够提高不稳定学习算法的预测精度。如图 9-1 所示为 Bagging 算法的流程。

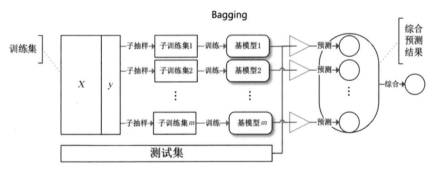

图 9-1

对 Bagging 算法来说，每个基分类器的权重等于 $\dfrac{1}{m}$ 且期望近似相等（子训练集都从原训练集中进行子抽样）。整体分类器的期望近似于基分类器的期望，这也就意味着整体分类器的偏差和基分类器的偏差近似。同时，整体分类器的方差小于或等于基分类器的方差，随着基分类器数 m 的增多，整体分类器的方差减少，从而防止过拟合的能力增强，分类器的准确性有所提高。

我们进一步分析，自助采样法是一种有放回的重采样方法。给定包含 n 个样本的训练集 D，对它进行采样得到 D'：每次随机从 D 中挑选一个样本，将其复制并放入 D' 中，然后将该样本放回初始数据集 D 中；重复执行此过程 n 次后，得到了包含 n 个样本的数据集 D'，这就是自助采样，即有放回地重复采样。显然，D 中有一部分样本会在 D' 中出现多次，而另一部分样本不出现。样本在 n 次采样中始终不被采样到的概率为：

$$\left(1 - \frac{1}{n}\right)^n$$

取极限为：

$$\lim_{n \to \infty} \left(1 - \frac{1}{n}\right)^n \to \frac{1}{e} = 0.368$$

即通过自助采样，初始数据集 D 中约有 36.8%的样本未出现在采样数据集 D' 中。于是可以将 D' 作为训练集，$D - D'$ 作为测试集。这样，实际评估的分类器与期望评估的分类器都使用了 n 个训练样本，而仍有约占数据总量 1/3 的没有在训练集中出现的样本被用于测试。这样的测试结果被称为"包外估计"。在对输出结果进行集成时，Bagging 算法通常对分类任务使用简单投票法，对回归任务使用简单平均法。

2. 随机森林算法

随机森林算法是 Bagging 算法的一个扩展算法。随机森林算法在以决策树为基分类器构建 Bagging 算法集成的基础上，进一步在决策树的训练过程中引入了随机属性选择。即随机森林=决策树+Bagging+随机。

随机森林模型是一种典型的组合分类器，最后的分类结果是由所有的决策树通过投票的形式来决定的。随机森林模型的构建过程主要分为以下 3 个步骤。

（1）为每棵决策树抽样产生训练集。

构建一个随机森林模型后，首先要为每棵决策树抽样产生训练集，一棵决策树对应一个训练集，使用统计抽样技术从原数据集 N 中产生 M 个训练子集，主要包括不放回抽样和有放回抽样。统计抽样技术相关介绍如下。

- 不放回抽样是指每次从总体 N 中不放回地抽取一个样本，第一个样本被抽中的概率为 $\dfrac{1}{N}$，而第二个样本被抽中的概率则变为了 $\dfrac{1}{(N-1)}$，以此类推。

- 有放回抽样是指在抽取样本之后再将抽取结果放回的抽样方法，即每次从总体 N 中抽取一个样本之后再将抽取的样本放回总体 N 中，因此，每个样本被抽中的概率均为 $\dfrac{1}{N}$。有放回抽样又分为无权重抽样和有权重抽样：无权重抽样即 Bagging 算法；有权重抽样即 Boosting 算法，也称更新权重抽样。Boosting 算法先初始化每一个抽取的训练集为相同的权重 $\dfrac{1}{n}$，n 为抽取的训练集的个数，然后对抽取的训练集进行 n 轮训练，每次训练后，对分类性能差的训练集赋予较大的权重，反之则赋予较小的权重，权重的大小会对最终的决策结果产生影响。

Bagging 算法与 Boosting 算法的区别主要体现在两个方面：一是 Bagging 算法是独立随机抽样，各个抽样过程互不干扰；而 Boosting 算法的每一次抽样过程都依赖于上一次的抽样过程，因此，这是一个串联的关系，执行时间较长。二是 Bagging 算法是无权重抽样，即每次抽取的训练集都是没有权重的；而 Boosting 算法是有权重抽样，每个训练集都有相应的权重，对最终的决策结果的影响是不一样的。

随机森林算法在为每棵决策树抽样产生训练集时采用的是 Bagging 算法，抽取的训练集个数由随机森林模型中的决策树数目决定，抽取的每个训练集的大小约为原始训练集的三分之二。使用 Bagging 算法抽取训练子集，可以使随机森林模型中的决策树都是相互独立的，每棵决策树之间的相关性会很低，这样可以避免模型出现过拟合问题。

（2）构建每棵决策树。

在使用 Bagging 算法抽取每棵决策树的训练集之后，接下来就是构建每棵决策树的过程。在随机森林模型中构建每棵决策树主要涉及以下两个重要过程。

- 节点分裂。节点分裂是构建决策树的核心步骤，使用不同的节点分裂算法会构建不同的决策树。经典的节点分裂算法主要有 ID3 算法、C4.5 算法和 CART 算法。在经典的随机森林模型中采用 CART 算法来构建每棵决策树，每棵决策树都是自由生长的，不进行剪枝处理。
- 随机特征变量的随机选取。在随机森林模型中构建每棵决策树时，不是所有的属性都参与每棵决策树的节点分裂过程，而是随机地选取几个属性用于属性指标的计算。随机选取的属性个数被称为随机特征变量。随机特征变量的取值一般为 $\log_2 M + 1$（M 为原始数据集中的属性个数），并且在构建决策树的过程中保持不变。随机特征变量的随机选取的目的是防止模型过拟合，减少随机森林模型中每棵决策树之间的相关性，从而提升随机森林模型的分类性能。

（3）随机森林模型的形成及算法的执行

通过重复为每棵决策树抽样产生训练集和构建每棵决策树两个步骤就建立了大量没有剪枝的决策树，这些决策树组合在一起构成的模型就被称为随机森林模型。随机森林模型最终的分类结果是根据模型中每棵决策树的分类结果通过投票的形式得出的，得票数最多的分类结果就是模型的输出结果。

随机森林模型简单，容易实现并且计算开销小。我们可以看出，随机森林算法对 Bagging 算法只做了小改动，但是与 Bagging 算法中基分类器的"多样性"仅来自样本扰动（采样）不同，随机森林算法中基分类器的"多样性"不仅来自样本扰动，还来自属性扰动，这就使得该模型最终集成的泛化性能可随着基分类器直接的差异度的增加而得到进一步提升。

3. Boosting 算法

Boosting 算法是一种框架算法，主要通过对样本集的操作获得样本子集，然后用弱分类算法在样本子集上训练产生一系列的基分类器。它可以用来提高其他弱分类算法的识别率。即将其他的弱分类算法作为基分类算法放于 Boosting 算法中，通过 Boosting 算法对训练样本集的操作，得到不同的训练样本子集，并用该样本子集去训练生成基分类器。每得到一个样本子集，就用弱分类算法在该样本子集上产生一个基分类器，这样在给定训练轮数 n 后，就可产生 n 个基分类器。然后 Boosting 算法将这 n 个基分类器进行加权融合，产生一个最后的结果分类器。在这 n 个基分类器中，每个分类器的识别率不一定都很高，但它们结合后有很高的识别率，这样便提高了该弱分类算法的识别率。在产生单个的基分类器时可用相同的分类算法，也可用不同的分类算法。

在 Boosting 算法中，AdaBoost、GradientBoosting Tree 算法最为出名。我们这里只对 AdaBoost 算法进行理论介绍。

Adaboost 算法是一种迭代算法，该算法的思想是调节各个样本所对应的权重，从而获取多个训练样本集。最初，所有的样本都被赋值为相同的权重，这使得它们被选作训练样本集的可能性相同。而在每轮循环结束后，会更新一次训练样本的权重。而更新的权重是由学习后输出结果的准确率大小决定的。可以根据样本是否能被正确分类来决定其权重的大小，若不能够被准确分类，则权重增大。那么，在接下来的学习训练中就会再次重点学习，也就是说，越难训练的样本越被重视。直至误差率尽量小或是符合原先设定的循环数目，则算法不再运行。最后有权重地输出最终的结果。这种机制有助于惩罚那些准确率很低的模型，以提高整个模型的泛化能力。

Adaboost 算法的训练过程就 3 步：

- 初始化训练样本的权重分布。如果有 N 个样本，则每一个训练样本在初始时都被赋予相同的权重 $\frac{1}{N}$。

- 训练弱分类器。在具体训练过程中，如果某个样本已经被正确地分类，那么在构造下一个训练样本集中，它的权重就会被降低。相反，如果某个样本没有被正确地分类，那么它的权重就会得到提高。然后，权重更新过的样本集被用于训练下一个分类器，整个训练过程如此迭代地进行下去。

- 将各个训练得到的弱分类器组合成强分类器。各个弱分类器的训练过程结束后，提高分类误差率低的弱分类器的权重，使其在最终的分类器中起着较大的决定作用；降低分类误差率高的弱分类器的权重，使其在最终的分类器中起着较小的决定作用。换而言之，误差率低的弱分类器在最终的分类器中占的权重较大，反之同理。

参考资料

[1]　陈东成. 基于机器学习的目标跟踪技术研究[D]: 博士学位论文. 北京: 中国科学院大学, 2015.

[2]　周志华. 机器学习[M]: 北京: 清华大学出版社. 2016.

[3]　董学辉. 逻辑回归算法及其 GPU 并行实现研究[D]: 硕士学位论文. 哈尔滨工业大学. 2016.

[4]　李航. 统计学习方法[M]. 北京: 清华大学出版社. 2012.

[5]　李迎春. 数据挖掘中决策树分类算法的研究[D]: 硕士学位论文. 湖南师范大学. 2015.

[6]　李艺. 决策树 C4.5 算法的改进研究[D]: 硕士学位论文. 辽宁工程技术大学. 2015.

[7]　蒋良孝. 朴素贝叶斯分类器及其改进算法研究[D]: 博士学位论文. 北京: 中国地质大学. 2009.

[8] 阿曼. 朴素贝叶斯分类算法的研究与应用[D]: 硕士学位论文. 大连理工大学. 2014.

[9] 殷瑞飞. 数据挖掘中的聚类方法及其应用—基于统计学视角的研究[D]. 博士学位论文. 厦门大学.2008.

[10] 李艳. 数据挖掘中的聚类算法的研究及分析[D]: 硕士学位论文.西安电子科技大学.2015.

[11] 董林. 时空关联规则挖掘研究[D]: 博士学位论文. 2014.

[12] 刘亚波. 关联规则挖掘方法的研究及应用[D]: 博士学位论文. 吉林大学. 2005.

[13] Sebastian Raschka. Python 机器学习[M]. 北京：机械工业出版社. 2017.

[14] 郑捷. 机器学习算法原理与编程实践[M]. 北京：电子工业出版社. 2015.

[15] 原建勇. 大数据思维的认知预设、特征及其意义[D]: 硕士学位论文. 山西大学. 2018.

反侵权盗版声明

电子工业出版社依法对本作品享有专有出版权。任何未经权利人书面许可，复制、销售或通过信息网络传播本作品的行为；歪曲、篡改、剽窃本作品的行为，均违反《中华人民共和国著作权法》，其行为人应承担相应的民事责任和行政责任，构成犯罪的，将被依法追究刑事责任。

为了维护市场秩序，保护权利人的合法权益，我社将依法查处和打击侵权盗版的单位和个人。欢迎社会各界人士积极举报侵权盗版行为，本社将奖励举报有功人员，并保证举报人的信息不被泄露。

举报电话：（010）88254396；（010）88258888

传　　真：（010）88254397

E-mail：　dbqq@phei.com.cn

通信地址：北京市万寿路 173 信箱

电子工业出版社总编办公室

邮　　编：100036